数学への招待

超有名進学校生の 数学的発想力

日本最高峰の
頭脳に迫る

吉田信夫 ─ 著

まえがき

　超有名進学校に通う生徒たちは，どんな頭の作りなのか？　実は学校ごとの個性が強く，一括で論じることはできない．本書では，筆者が10年以上塾の現場で触れ合ってきた，日本を代表するある超有名進学校（A校と呼ぶことにする）の生徒についてお話していきたい．

　とは言え，私が出会うのはA校生の四分の一ほど．また，一括りにして語ることができないほど多様である．本書では，私が出会った生徒について，数学的な面をメインに，愛すべきA校生の生態を語っていきたい．

　日本のトップ，A校について誤解している人が多い．

　各マスコミに取り上げられることがあるが，どうしても彼らの勉強面や真面目な面にフィーチャーしてしまう．「あんなに勉強できる子は，人生を棒に振るくらい勉強に時間を費やしているはずだ．そうでないと割に合わない」という意識もあるのかも知れない．しかし，実際は，いわゆる「ガリ勉」はほぼ皆無である．マニアックであったり，オタクであったり，そういうタイプは多いが，勉強だけに人生を捧げるような人は少ない．

　あるテレビで取材されたときの話をしている生徒がいた．図書館の映像が映って，生徒がたくさん集まって熱心に本を読んでいたそうだ．「やっぱりA校はすごいね～」というコメントがなされ

ていたそうだが，実は，そこはマンガのコーナーだったらしい.

　　A校生　⇒　マジメ　⇒　難しい本を読んでいるはず

という恐ろしい思い込みである. 数学の問題を解き合っている場
面も映っていたそうだが，異常に簡単な問題をやっていたそうだ.
あんな問題を解くわけがないから，もしかしたらやらせではない
か，とさえ言っていた. A校というだけで強烈なバイアスがかか
るのである.
　では，実際の彼らは？
　意外と普通である.
　定期テスト前以外は勉強しない，ゲームばかりしている，動画
ばかり見ている，など保護者からうかがうお悩みは，ごく普通の
中高生と変わりない.
　普通の中高生と違うのは，内なるエネルギーであろう.
　興味があるものは徹底的に追求するが，そうでないものには
ソッポを向いてしまう. そういう純粋な心を持っている生徒が多
いのが特徴であろう. 屁理屈は大好き. 笑いは，高低差が大きい
方が好きだが，ド直球の下ネタや親父ギャグもけっこう好き. 作
業のようなお勉強は大嫌いだが，頭を使う勉強は好き. 自分なり
に問題を解決して，それを語り合う. 自発的にアクティブラーニ
ングが行われている.
　頭は良いが，精神年齢は年相応（あるいはそれ未満）の神童た
ち. 普通だけど普通でない.

そんなＡ校生の真の姿を，塾の現場での経験からお話していこう．

　算数，数学の解説部分は，私の本業であり，Ａ校生，および，卒業生も読んでくれる可能性があるため，一切手を抜かずに書かせてもらいたい．もちろんそれだけのためではなく，読んでいただく方々にも，雰囲気だけではなく，真の算数，数学に触れていただきたいし，本当に彼らはスゴい！と実感していただきたい．サッと読み流しながらでも感じていただきたいというのが数学講師としての筆者の希望である．「どうしても……」という部分は遠慮なく飛ばしていただきたい．

　超進学校受験を考える小学生，その保護者の方
　日本一の進学校とも言われるＡ校の１つの側面を知りたい方
　塾でＡ校生にどのような数学指導をしているのかに興味がある
　　方

にとって少しでもお役に立てば幸いである．

　私の授業を受けてくれたことがある生徒・卒業生の方からは違う感想を持たれるかも知れないが，書物ということでご容赦願いたい．

研伸館数学科

吉田　信夫

目　次

1. 超進学校ってどんなトコロ？　　　9

2. 発想力が試される中学入試の算数　　　17

3. 学校の授業進度　　　65

4. 算数から数学への道　　　73

5. 私が出会った愛すべき天才たち　　　147

補講1. 天才たちに受けの良い大学入試問題　　　167

補講2. これからの数学　　　195

1.

超進学校って
どんなトコロ？

1. 超進学校ってどんなトコロ？

本書で扱う日本を代表する超有名進学校（A校と呼ぶことにする）がどのような学校なのか，予備知識としていくらか述べておきたい．

わずか220人ほどの卒業生の多くが最難関の国立大学に進学し，医学部にも多数進学する．日本一の進学校と言っても良いと思う．

A校に校則はない．

「A校生として相応しくないことはNG」という不文律しかない．
卒業生は各界で活躍しており，ノーベル賞受賞者も輩出している．

特徴としては，担任団を組んで6年間持ち上がることである．
そのため，学年ごとにカラーが違ってくる．数学の指導も学年によって違うことがあり，塾としては，低学年時は学校の先生に合わせて定期テストで点数がとれるような指導，高校に上がると少しずつ受験モードに，受験学年では多様性を重んじて学校の先生がやらないことをやる．担任団にヘルプで別の先生が入って演習授業を担当されるから，塾と合わせて生徒は多様な数学に触れることができる．それを受け入れることができる懐の深さがA校生には備わっているのである．

1. 超進学校ってどんなトコロ？

　学校行事も独特であるが，詳細は割愛．生徒会誌という独特な冊子が毎年作られているが，こちらも割愛．自律に基づく自由を謳歌できる環境がすばらしい，とだけ言っておこう．

　A校は，理系の強い学校であるが，文系の生徒ももちろんいる．文系の中には，

> 数学はできるが，やりたいことが文系扱いだから文系

という人も少なくない．東大の数学で満点を取る生徒を何人も見てきた．もちろん

> 数学が苦手で文系

という生徒もいないわけではないが，A校での苦手は，世の中のトップレベル．やはり，数学ができる人が圧倒的に多い学校である．

　そのルーツは，もちろん中学入試での最高難度の算数にある．

> 算数が苦手で，国語が良くて合格した

という生徒もいるが，それでもあの算数に挑んできた経験は無駄にならないだろう．次章で中学入試算数の紹介をしていきたい．大人のアプローチと子供のアプローチの両面から解説する．

　A中学に進学すると，教師から

11

> 算数のことは忘れなさい

という洗礼を受ける．実は算数では，「問題を解く」という観点以上に「答えを見つける」という感覚が必要になる．思考の範囲に著しい制約があるため，探すことができるのである．

　例えば，数学になると，体積を求める問題では，「幾何的に考えるのか，ベクトルを利用するのか，積分しないと分からないのか」と考えて解法を選択しなければならない．

　しかし算数では，幾何の一択で，しかも答えが求まることが分かっているから，「図から逆算」といった

> だって分かったんだから，しょうがないやん

という解法が存在する．そういう思考に慣れている（と言うより，それを極めている）新入生を，論理的に絞り込むこと，答えが複数あってももれなく見つけ出すことの重要性，本当に答えになっているかを検証する作業（十分性の確認）など，教え込まなければならない．最初は

> そんなの屁理屈やん

と，屁理屈大好きな少年達から反応がある．

　そうした数学の洗礼を受け，それをスムーズに受け入れることができたら，問題なく数学の世界に入って行くことができる．しかし中には，そういうのがどうしても受け入れられず，頭が算数

のまま高校生を迎える生徒も存在する．みんながができる問題が解けずに，みんなが解けない問題だけ解けることがあるタイプである．算数は考えたら解けるものだから，数学もそのままやり続ける．実際，時間があればそれでも良い（つまり，公式を毎回自分で作って解いていく）のだが，全問真剣勝負していては，勝率は安定しない．そういうタイプが少なからずいるのがA校の特徴の1つである．

　一方，中学生に人気の部活に「数学研究部」がある．中1に対して先輩が中学から高校までの数学を一気に教えて，その後は数学書を読んだり，文化祭に向けて論文を書いたりしていく．実際は部室で仲良く遊んだりすることも多いようだが，この部活で

> 自分は数学が好き・得意と思っていたけど，
> 彼にはまったく叶わない

と思い知らされることもあるようだ．
　ともかく，数学は，論理的に考えることで自分の考えを正当化でき，世界を構築することができる自由で楽しいものである．

> 人の気持ちを考えろ

と自分の考えを制限されることなく，自由に発信できるのが快感なのである．屁理屈で鍛えてきた頭の回転をいかんなく発揮することができるフレームとして，数学は最高のものである．

> こんな別解を考えたのですが

> 問題を作ってみたんですけど，ここがうまく
> いかなくて……解いてもらえませんか

とか．お相手をする先生も大変である．塾でも大変だから，学校
の先生はさぞかし大変だろうと推測できる．学校の先生も A 校卒
の方が多く，それぞれ個性的な先生方である（色々と生徒から聞
く．ということは逆も…私のことを何と言っているやら）．

　ここまで数学的な面から A 校生のことを書いてきたが，もち
ろんそれだけではない．一般的に，

　　「A 校＝ガリ勉」

というイメージを持たれることが多い．
　しかし，実際に彼らと触れ合うと，そのイメージは大きく覆さ
れる．勉強を趣味のようにしてひたすら勉学に励む生徒もいるが，
そういう生徒ばかりではない．1 つの教科・分野をひたすら追求
している生徒も多い（高校範囲に限定せず）．数学オリンピックに
代表される科学オリンピック，情報オリンピックなどに出場する
生徒もいる．運動部に所属する生徒も多く，中学の硬式テニスは
よく全国大会にも出場している．

> 国際数オリ金メダルよりも，地域の柔道大会優勝の
> 方がすごい

と言っている生徒がいたのは面白かった．実に A 校らしい．数オ

リメダリストは毎年いて全然珍しくないが，小さな範囲の大会でも柔道で優勝できる生徒などめったにいない．

別の競技で県の代表になるような生徒もいた．彼は高2まで競技一筋だったが，1年間勉強に集中して旧帝大の医学部に進学していた．「さすがだな」と思った．

ゲーム一筋で高2までまったく勉強せず，学内200位くらいだった．最後の1年もそれほど集中して勉強しているそぶりもなかったが，最終的に旧帝大の医学部に進学した生徒もいた．「さすがだな」と思った．

> 常識で測っていてはダメだな

と実感した．

「学年ごとに違う学校だ」と言われるほど個性的な学校である．在籍する生徒も個性的である．常識にとらわれていては，いつも驚かされる．普段は，

- マジメに勉強するのは大嫌い
- 問題を解くのは楽しい
- 頭の中はHなことばかり考えている
- 女の子に話しかけたいが，その問題は難解で自分には解けない

といった普通の男子高生である．服装などに無頓着な生徒が多いが，拘る人はとことん拘っている．

さらに，高校から新たに40名ほどが加わることで，在来生への刺激が与えられ，さらに多様性が増している．先生方の多様性も合わさって，傍から見ていると，まさにカオスである．

　そんな A 校に通う生徒たちが，塾で見せる顔．塾でどんな指導をしているか．その一端をお見せしていこう．
　彼らが天才的に数学ができる理由は自ずとお分かりいただけることだろう．

2.

発想力が試される
中学入試の算数

2. 発想力が試される中学入試の算数

毎年1月, 大学入試センター試験の日に行われる中学入試. 1日目に, 国語・理科・算数が行われ, 2日目は算数・国語である. 1日目の算数は, 答えだけを解答欄に書き入れる方式. 2日目は, 一部を除き, 「答え以外に文章や式, 図なども書きなさい」という指示がされている.

では, 実際, どんな問題が出題されるのだろうか. A校生を真に理解するために, これを知ることは不可欠である.

とはいえ, 2日目は問題文が長く, 難解なものが多いから, 本書では主に1日目の問題を紹介していく. 単に解答解説を読むだけでなく, できれば実際に問題を解いていただきたい. 算数でも, 数学を使っても構わない. 少ない道具と発想を使って「答えを出すこと」に集中するのが算数の真骨頂である. A校生を構成する重要な要素である. 算数, 数学が苦手な方には, 雰囲気だけでも味わっていただきたい.

●問題1

$$\left(\frac{20}{17} + \boxed{}\right) \times \frac{1}{9} = 1 + 2 \div \left(\frac{1}{4} + \frac{3}{5}\right)$$

□に入る数を求める問題である. 例年, ①はこの形である. 出題年にちなんだ問題であることが多い. これは2017年の問題. 2017は素数だから問題にしにくいが, 1年前は2016年で, 2016を素因数分解すると

2. 発想力が試される中学入試の算数

$$2016 = 2^5 \times 3^2 \times 7$$

だから，問題を作りやすい．約数が多くて

1, 2, 3, 4, 6, 7, 8, 9, 12, 14, 16, 18, 21, 24, 28, 32,

36, 42, 48, 56, 63, 72, 84, 96, 112, 126, 144, 168,

224, 252, 288, 336, 504, 672, 1008, 2016

の36個である．各進学塾は，この素因数分解を使った予想問題を
たくさん作って受験生に解かせていたことだろう．実際の2016年
の問題も後ほど紹介する．

＊　　　　　　　　＊

まず，数学で解いてみよう．1次方程式の問題である．

（解答1）

□ $= x$ とおく．

$$\left(\frac{20}{17} + x\right) \times \frac{1}{9} = 1 + 2 \div \left(\frac{1}{4} + \frac{3}{5}\right)$$

$$\frac{20}{17 \cdot 9} + \frac{1}{9}x = 1 + 2 \div \frac{17}{20}$$

$$\frac{1}{9}x = 1 + \frac{40}{17} - \frac{20}{17 \cdot 9}$$

$$x = 9 \times \frac{153 + 360 - 20}{17 \cdot 9} = \frac{493}{17} = 29$$

より，答えは29である．

＊　　　　　　　　＊

なかなか大変な計算になる．このペースでは，時間切れになっ

19

てしまう……算数ではどうなるだろうか？　17がポイントになりそうだ．

（解答2）

$\dfrac{1}{4}+\dfrac{3}{5}=\dfrac{17}{20}$ より，右辺を帯分数にすると，$1+2\times\dfrac{20}{17}=3+\dfrac{6}{17}$ となる．

両辺をそれぞれ9倍すると

$$(左辺)\times 9=\dfrac{20}{17}+\boxed{}=1+\dfrac{3}{17}+\boxed{} \cdots\cdots ①$$

$$(右辺)\times 9=27+\dfrac{54}{17}=30+\dfrac{3}{17} \cdots\cdots ②$$

となる．①と②が等しいから，$\boxed{}=29$である．

＊　　　　　　　　＊

　数学で方程式を解くときも，計算の手順で工夫をする必要があることを示唆する問題と言える．

　方程式の解法でも，先に9を掛けたり，分数の計算はできるだけ後回しにするなど，工夫の余地があったのである．例えば，次のようにする．

（解答3）

$\boxed{}=x$ とおく．

$$\left(\dfrac{20}{17}+x\right)\times\dfrac{1}{9}=1+2\div\left(\dfrac{1}{4}+\dfrac{3}{5}\right)$$

$$\dfrac{20}{17}+x=9+18\div\dfrac{17}{20}$$

2. 発想力が試される中学入試の算数

$$x = 9 + 18 \times \frac{20}{17} - \frac{20}{17} = 9 + \frac{20 \times (18-1)}{17} = 29$$

より，答えは29である．

*　　　　　　　　*

$\frac{20}{17}$ が両辺に見つかった．これでくくると，18－1で17が作れて，分母の17が約分されてしまった！　過去の①の経験から，この形の問われ方で□に分数は入らない．「絶対に約分できるはずだ」と強く思うことが大事なのだ．

時間がなくて困るときは，次のような最終戦略をとる．

（解答4）

右辺は

$$1 + 2 \div \left(\frac{1}{4} + \frac{3}{5} \right) = \frac{57}{17} = 3.35 \cdots$$

で，9倍すると30.17……となる．左辺の9倍は $\frac{20}{17} + \square$ で，$\frac{20}{17}$ は1より少し大きい数値だから，□は整数であるとしたら，29しかあり得ない．

*　　　　　　　　*

答案としては不十分だが，1日目の解法としては悪くない．これを完璧な解答にするには，以下のようになる．

（解答5）

数値の概算から，□＝29と予想できる．□＝29とすると，左辺は

21

$$\left(\frac{20}{17}+29\right)\times\frac{1}{9}=\left(\frac{20}{17}+2+27\right)\times\frac{1}{9}=\frac{54}{17}\cdot\frac{1}{9}+3=3+\frac{6}{17}$$

で，右辺の

$$1+2\div\left(\frac{1}{4}+\frac{3}{5}\right)=1+\frac{40}{17}=3+\frac{6}{17}$$

と一致している.

　1次方程式に解は1つしかないから，□＝29が答えである.

＊　　　　　　　＊

　どの解法が好みだろうか？

　A中学を受験する小学生たちは，

> 答えが出れば良いんだから，（解答4）で良いやん

と思うのではないだろうか. 決められた枠組みでより多くの問題に正答することが求められるのだから. 答えを特定することに集中するという意味が分かってもらえるだろう. やり方が正しいかどうかは二の次なのである.

　しかし，この思想が強過ぎると，中学入学後に数学の洗礼を受けてしまい，最悪の場合は，数学がキライになってしまう. **「答えだけモード」** と **「論理性重視モード」** を使い分けられるようになってくれたらベストだろう.

　では，次の問題.

　$2^5\times3^2\times7$年の問題である. 前問の解答前に触れた2016年である. 素因数分解がポイントとなる.

2. 発想力が試される中学入試の算数

●問題2

$$\frac{1}{7} - \frac{1}{9} - \frac{1}{32} = \frac{1}{224} + \frac{1}{\boxed{}} - \frac{2}{63}$$

前問と同様，□に入る整数を特定する問題である．どうすると最も楽だろうか？　手段を選ばずに解いてみよう．思いつかなければ，方程式を解いてしまえば良い．

(解答1)

移項して整理すると，

$$\frac{1}{\boxed{}} = \frac{1}{7} - \frac{1}{9} - \frac{1}{32} - \frac{1}{224} + \frac{2}{63} = \frac{288 - 224 - 63 - 9 + 64}{2016}$$

$$= \frac{56}{2016} = \frac{1}{36}$$

であるから，□＝36である．

＊　　　　　　　　　＊

算数で移項は反則であった．そこで，次のような方法が考えられる．$\dfrac{1}{\boxed{}} = \dfrac{\triangle}{2016}$とおくのであるが，一般に △ が整数であるとは仮定できない（結果的に整数と分かる）．

(解答2)

左辺を変形すると，

$$\frac{1}{7} - \frac{1}{9} - \frac{1}{32} = \frac{9 - 7}{63} - \frac{1}{32} = \frac{2 \cdot 32 - 63}{2016} = \frac{1}{2016} \quad \cdots\cdots\cdots \text{①}$$

23

である．$224 = 32 \times 7$であるから，$\dfrac{1}{\Box} = \dfrac{\triangle}{2016}$とおくと，右辺は

$$\frac{1}{224} + \frac{1}{\Box} - \frac{2}{63} = \frac{9 + \triangle - 64}{2016} = \frac{\triangle - 55}{2016} \quad\cdots\cdots\cdots ②$$

である．①と②が等しいから，$\triangle = 56$であり，$\dfrac{56}{2016} = \dfrac{1}{36}$より，$\Box = 36$である．

＊　　　　　　　＊

　計算も比較的スムーズにいった．2016の素因数分解を知っているからこそである．では，「答えを当てる」方法はあるだろうか？　雰囲気から判断して，2016の約数

1, 2, 3, 4, 6, 7, 8, 9, 12, 14, 16, 18, 21, 24, 28, 32,
36, 42, 48, 56, 63, 72, 84, 96, 112, 126, 144, 168,
224, 252, 288, 336, 504, 672, 1008, 2016

のどれかが$\Box$である．

　$7 \times 9 = 63 \fallingdotseq 64 = 32 \times 2$に注目すると$\cdots\cdots$

（解答3）

　左辺を概算すると，

$$\frac{1}{7} - \frac{1}{9} - \frac{1}{32} = \frac{2}{63} - \frac{1}{32} \fallingdotseq \frac{1}{32} - \frac{1}{32} = 0$$

である．右辺は

$$\frac{1}{224} + \frac{1}{\Box} - \frac{2}{63} \fallingdotseq \frac{1}{32 \cdot 7} + \frac{1}{\Box} - \frac{1}{32} \fallingdotseq \frac{1}{\Box} - \frac{6}{32 \cdot 7}$$

24

である．よって，

$$\frac{1}{\boxed{}} \doteqdot \frac{6}{32 \cdot 7} \quad \therefore \quad \boxed{} \doteqdot \frac{32 \cdot 7}{6} = 37.33 \cdots\cdots$$

と概算できる．上記の2016の約数（…，32，36，42，…）の中から探すと，□＝36と予想することができる．

　実際に計算してみると，□＝36のとき，左辺も右辺も $\dfrac{1}{2016}$ となるから適する．よって，□＝36である．

＊　　　　　　　　　　＊

　このように解く受験生はあまり多くないだろうが，あり得る解法ではある．これも1次方程式であるから，解が1つしかなく，代入して等号成立する数を探せば終わりになる．こういう「発見的解法」に傾倒し過ぎると危険である．例えば，2次方程式を学ぶ際である．その例は，第4章で紹介する．

　しかし，数学でも「発見的解法」は重要であるし，算数では必須である．与えられた情報を受け入れて考える姿勢が求められることもある．例えば問題文に

「～となるものは2つある．それらを求めよ」

とあれば，2つあることを確認する必要はなく，2つ探し出すことができれば，それで十分である．もちろん，すべてを求めようとして頑張ったら2つ求まる，というのが正しいルートである．しかし，それに拘っていては解けないこともあるから，「2つあ

る」という重要な情報を出題者は与えていると考える方が自然なのだ. そして，ソースは問題文だから，信頼に足るという安心感がある. 2つ求めることができたら，安心して鉛筆を置けば良いのである.

次の問題はそういう要素があるのではないかと思って選んだものである. 与えられた情報は最大限に利用してしまおう.

●問題3

下の表はある月のカレンダーです. この月の(ア)〜(オ)の各週から1日ずつ，すべて異なる曜日の5日を選んでそれぞれ丸で囲みます. 丸で囲んだ5つの数の和が81になるのは，[①]曜日と[②]曜日の2つの曜日を除いた5つの曜日から5日を選ぶときです. ただし，①，②の順序は問いません. そして，丸で囲んだ5つの数の和が81になる選び方は全部で[③]通りあります.

	日	月	火	水	木	金	土
(ア)		1	2	3	4	5	6
(イ)	7	8	9	10	11	12	13
(ウ)	14	15	16	17	18	19	20
(エ)	21	22	23	24	25	26	27
(オ)	28	29	30	31			

少し文章が長い問題である. サッと読むだけではよく分からない問題である. これを読み取る力も算数，数学で重要である. こういうときは，具体例を自分で作って実験するに限る.

2. 発想力が試される中学入試の算数

例えば，1を○で囲むと，㋐の週，月曜日には，もう○がつかない．

	日	月	火	水	木	金	土
㋐		①	2	3	4	5	6
㋑	7	8	9	10	11	12	13
㋒	14	15	16	17	18	19	20
㋓	21	22	23	24	25	26	27
㋔	28	29	30	31			

次に9を○で囲むとすると，㋑の週，火曜日には，もう○がつかない．

	日	月	火	水	木	金	土
㋐		①	2	3	4	5	6
㋑	7	8	⑨	10	11	12	13
㋒	14	15	16	17	18	19	20
㋓	21	22	23	24	25	26	27
㋔	28	29	30	31			

このようにして5つの数字を選ぶ．例えば以下の通り．

	日	月	火	水	木	金	土
㋐		①	2	3	4	5	6
㋑	7	8	⑨	10	11	12	13
㋒	14	15	16	17	18	⑲	20
㋓	21	22	23	24	25	26	㉗
㋔	28	29	30	㉛			

このとき，5つの和を計算すると

27

$$1 + 9 + 19 + 27 + 31 = 87$$

となって，81になっていない．和を81にするには，6減らす必要がある．27に注目する．6減らした21は日曜で，○は付いていない．そこで，27の○を消して21を○で囲むと，

	日	月	火	水	木	金	土
(ア)		①	2	3	4	5	6
(イ)	7	8	⑨	10	11	12	13
(ウ)	14	15	16	17	18	⑲	20
(エ)	㉑	22	23	24	25	26	27
(オ)	28	29	30	㉛			

で，5数の和は

$$1 + 9 + 19 + 21 + 31 = 81$$

となる．この例では，木曜日と土曜日を選んでいない．これをどう捉えるか．ここで算数センスが問われる．

(解答1)

先ほどの例から，木曜日と土曜日を選ばないときに和が81になった．問題文から，和が81なら必ずこのようになるはずである．よって，①，②には木と土が入る．

日月火水金から1日ずつ選ぶ．日と金は選択肢が4つだから，ここに注目する．日を選ぶとき，7, 14, 21を選ぶのと，28を選ぶのとでは，金の選択肢が変わる．

1）28を選ぶとき，月火水金はすべて4つの選択肢がある．週が

重ならないように選んでいくから，月は(ア)～(エ)から自由に選び，火は残った3週から，水は残った2週から，金は残った週．

月：4通り×火：3通り×水：2通り×金：1通り＝24通り

ある．

2）7を選ぶとき，月火水は4つの選択肢があるが，金は3つしか選択肢がない．金から考える．金は(ア)(ウ)(エ)から選び，月は残った3週から，火は残った2週から，水は残った週．

金：3通り×月：3通り×火：2通り×水：1通り＝18通り

ある．

14, 21を選ぶときも，2）と同数ある．よって，総数は

③＝24＋18×3＝78

通りである．

＊　　　　　　　　　＊

③を求めるところは「場合分け」をしている．大学入試問題としても十分に成立するレベルである．

しかし，（解答1）の①，②を特定する部分はこれで十分だろうか？　中学入試当日に答えを特定するだけなら，このように解くはずであるが，厳密な解答とは言えない．他の曜日を除いて81が作れないことを確認していないからである．今回は，テキトーに作った最初の例をちょっとイジってたまたま81を作ることができた．しかし，最初の例で木と土の両方が入ったものを考えてい

たら，調整して和が81になる例を作るのが大変になったはずである．この辺りをスムーズに進める方法も考えてみよう．まずは，81の作り方から．

〔解答2〕

	日	月	火	水	木	金	土
(ア)		1	2	3	4	5	6
(イ)	7	8	9	10	11	12	13
(ウ)	14	15	16	17	18	19	20
(エ)	21	22	23	24	25	26	27
(オ)	28	29	30	31			

タテに見ていくと，7ずつ値が変化する．火曜日を見ると，真ん中に16があるから，5つ足すと

$$2+9+16+23+30$$
$$=(16-14)+(16-7)+16+(16+7)+(16+14)$$
$$=16\times5=80$$

である．和を81にしたいのだから，1足りない．

	日	月	火	水	木	金	土
(ア)		1	2	3	4	5	6
(イ)	7	8	9	10	11	12	13
(ウ)	14	15	16	17	18	19	20
(エ)	21	22	23	24	25	26	27
(オ)	28	29	30	31			

2. 発想力が試される中学入試の算数

　図のように斜めに 5 つを見ていくと，6 ずつ値が変化している
から，この 5 つの和も 80 になる．ここから，曜日が重ならないよ
うにしつつ，和が増えるようにする方法を考える．そのために 4
を 5 に変える．

　　　　5, 10, 16, 22, 28

が適する選び方の 1 つであることが分かる．
　よって，①，②には木と土が入る．

　　　　　　＊　　　　　　　　　　＊

「和が 81」だから①，②の答えが 1 つに確定している．例えば
82 では，

　　　　6, 10, 16, 22, 28　→木金を除く
　　　　5, 11, 16, 22, 28　→水土を除く

など複数のパターンの答えが考えられる．
　81 の特殊性についての議論は数学的にはまだ不十分である．も
う少し厳密に考えてみよう．

（解答 3 ）

　週ごとに日付をみていくと

　　　㋐：1〜6　　　　　㋑：7＋0〜7＋6
　　　㋒：14＋0〜14＋6　㋓：21＋0〜21＋6
　　　㋔：28＋0〜28＋3

である. よって, 0以上6以下の異なる5つの整数 a, b, c, d, e を
用いて, 選ぶ5数は

$$(ア) : a \qquad (イ) : b+7 \qquad (ウ) : c+14$$
$$(エ) : d+21 \qquad (オ) : e+28$$

とおける (ただし, $1 \le a \le 6, \ 0 \le e \le 3$).

　5つの和は

$$a + b + c + d + e + 70$$

であるから, これが81になるのは

$$a + b + c + d + e = 11$$

のときである. 最も小さくとった場合で

$$0 + 1 + 2 + 3 + 4 = 10$$

であるから, 和が11になるのは

$$0 + 1 + 2 + 3 + 5 = 11$$

しかない.

　つまり, 4と6が含まれない場合のみが適するものになるか
ら, ①, ②には木と土が入る.

＊　　　　　　　　　＊

　これで有無を言わせない解答になった. ここまで厳密にではな
くても, 受験生たちは, これに近いことを考えているはずである.

2. 発想力が試される中学入試の算数

さて，ここで A 中入試について少し補足しておこう．

1 日目の問題は

　　「方程式」「数列」「比」「整数」「場合の数」「幾何」

に大別できる．

問題 1，2 は「方程式」×「整数」で，問題 3 は「整数」×「場合の数」であろう．複数テーマの融合になっているのが難しい．

この後の 2 問は「方程式」×「比」になっている．単に「方程式」として解くことも可能ではあるが，計算量が増えて大変になる．「比」に強くなっておくと，将来的に化学などで有利になる．

問題 4，5 は少し難しいから，算数・数学に自信のない方は適当に読み流してもらえれば十分である．

● 問題 4

一定の速さで流れる川でボートをこぎます．静水でボートが進む速さは一定です．

ある地点 A でボールを川の下流に流すと同時に上流に向かってボートをこぎ始めました．そして，地点 A から上流に300m のところでボートを川岸につなぎとめて10分間休んだのち，下流に向かってこぎました．すると，地点 A から下流に1030m のところでボールに追いつきました．下流に向かってこいだ時間は，上流に向かってこいだ時間より 4 分長くかかりました．このとき，静水でボートが進む速さは川の流れの速さの ① 倍で，川の流れの速さは毎分 ② m です．

33

状況把握が難しいかも知れない．整理しておこう．

静水でのボートの速さを u とし，川の流れの速さを v とする．ボールの速さは v になる．ボートが上流に向かう速さは $u-v$ で，下流に向かう速さは $u+v$ である．川の流れに邪魔されたり，後押しされたりするからである．

さらに，休憩するまでの時間を t 分とおいておく．下流にこいだ時間は $t+4$ 分である．ボールは，

$$t+10+(t+4)=2t+14 \text{分間}$$

流れたところで追いつかれる．その場所が地点Aから下流に1030mのところである．

図にまとめてみよう．

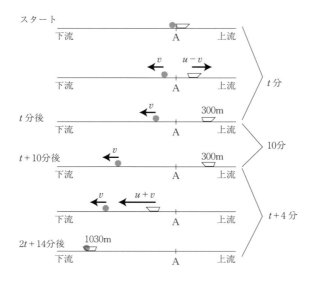

2. 発想力が試される中学入試の算数

これをどう考えていくのが良いだろう？ 求めるべきは「u は v の何倍か？」と「v はいくらか？」である．u と t を求める必要はないことに注意しておこう．また，等速で動くとき，

(移動距離) = (速さ) × (時間)

である．右の図を思い出す．

(きょり) = (はやさ) × (じかん)

である．

(解答1)

連立方程式を作ると

$$\begin{cases} (u-v)t = 300 & \cdots\cdots (1) \\ v(2t+14) = 1030 & \cdots\cdots (2) \\ (u+v)(t+4) = 1330 & \cdots\cdots (3) \end{cases}$$

となる．それぞれ，(1)は t 分後のボートの位置，(2)は追いつかれたとき（$2t+14$ 分後）のボートの位置，(3)は $t+10 \sim 2t+14$ 分の $t+4$ 分間のボートの移動距離を表す．

(2)から，

$$vt = 515 - 7v \quad \cdots\cdots (2')$$

であり，これと(1)から

$$ut = 300 + vt \quad \therefore \quad ut = 815 - 7v$$

である．これらを(3)に代入すると，

$$ut + vt + 4u + 4v = 1330$$
$$1330 - 14v + 4u + 4v = 1330$$
$$4u = 10v \quad \therefore \quad u = 2.5v$$

である．① = 2.5である．

改めて(1)に代入して，

$$1.5vt = 300 \quad \therefore \quad vt = 200$$

であり，これを(2')に代入して

$$200 = 515 - 7v \quad \therefore \quad v = 45$$

である．② = 45である．

(注) u, t も正の数として求まるので，これで答えとして問題ない．

＊　　　　　　　　＊

少し手間がかかった．連立方程式が煩雑だったからである．工夫して解くことも可能である．

〈別解〉

(1)+(2)より

$$ut + vt + 14v = 1330$$

である．(3)と右辺が等しくなったから

$$(u + v)(t + 4) = ut + vt + 14v$$

$$4u = 10v \quad \therefore \quad u = 2.5v$$

以下，同上である．

＊　　　　　　　　＊

いずれにせよ，連立方程式はややこしい．

簡単にするため，物理でも使う「相対速度」の考え方を使ってみよう．A 地点を基準にするのではなく，ボールからボートまでの距離を考えるのである．

(解答2)

ボールからボートまでの距離 L を考える．

最初，$L = 0$ である．

$0 \sim t$ 分の t 分間は，離れる速さが，静水でのボートの速さ u になる（ともに川に流されているから，ボートの速さだけに注目すれば良い）．

$t \sim t + 10$ 分の10分間は，離れる速さが，川の流れの速さ v になる（ボートが動かないから，ボールが流れる分だけ離れる）．

$t + 10 \sim 2t + 14$ 分の $t + 4$ 分間は，近づく速さが，静水でのボートの速さ u になる（ともに川に流されているから，ボートの速さだけに注目すれば良い）．

$2t + 14$ 分後，$L = 0$ である．

L のグラフは図のようになる．

一番離れたときの L に注目すると，

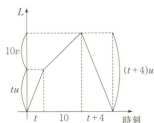

$$tu + 10v = (t+4)u$$
$$10v = 4u$$
$$u = 2.5v$$

と分かる．①＝2.5である．

　ここからは，300m と 1030m を考える．上流に向かうボートの速さは $u - v = 1.5v$ であることに注意して，

$$1.5vt = 300 \quad \therefore \quad vt = 200$$
$$v(2t + 14) = 1030 \quad \therefore \quad vt + 7v = 515$$

である（（解答1）の(1)，(2)である）．よって，

$$7v = 315 \quad \therefore \quad v = 45$$

である．②＝45である．

＊　　　　　　　＊

　本問ではまず速さの比を考えて，その後に速さそのものを考えさせている．まず比を考えたいのだから，実際の距離300，1030を式にするのは後回しにするのが良い．

　慣れてくると，L のグラフはすぐに描けるようになる．2つの位置関係を捉えるには，基準を A にすることもできるし，基準をボールにすることもできる．片方に執着することなく，臨機応変に使い分けることができれば，算数のプロフェッショナルである．

　ちなみに……この手の問題を A 校生に解かせると，

2. 発想力が試される中学入試の算数

> ボートを川岸につないだり，離したりするのに時間はかからないんですか〜？

> ボートの向きは休憩中に変えるんですか〜？ それを休憩と呼んで良いんですか〜？ ブラック企業ですか〜？

と細かい設定にツッコミをいれてくる．

> 気になるなら，試験官に質問したら良いやん

> 入試では出題者の意図を読み取る力も大事やねんから，空気を読む力も身に付けなアカンで

などというやりとりが行われる．

では，もう1つ．

これも連立方程式で考えると文字が多くて見た目が煩雑になるし，単なる処理問題になってしまう．算数の鮮やかさとの対比のためにその解法も書いておくので，適宜，読み流していただければ十分である．

●問題5

深さ15cmの直方体の形をした水槽が水平な床の上にあります．右の図のように，この水槽の中には，同じ形をした高さ15cmの四角柱が5本入っていて，この水槽

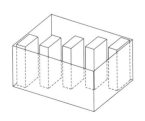

に深さが9cmになるまで水を入れても，四角柱の底面は水槽の底面に接していました．この状態から四角柱を2本取り除くと，水の深さは7cmになりました．さらに残りの四角柱3本を取り除くと，水の深さは[ ]cmになります．

これも状況把握が難しいかも知れない．

「深さが9cmになるまで水を入れても，四角柱の底面は水槽の底面に接していました．」は，柱が浮いてしまうことはない，という意味である．

状況を整理しておこう．水の量は変わらないから，底面の形が変わると高さが変わる．

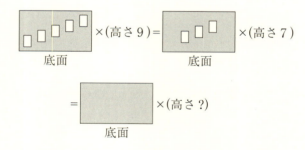

まずは，連立方程式で考えてみよう．その後，比を利用した算数で解き，その解法の優秀さを確認しよう．

(解答1)

直方体の底面積を S とおき，四角柱1つの底面積を T とおく．さらに，求める高さを h とおく．水の体積を3通りに表すと

$$(S-5T)\times 9 = (S-3T)\times 7 = S\times h$$

前2つから

$$9S-45T = 7S-21T \quad \therefore \quad S = 12T$$

である．これを後2つに代入して，

$$(12T-3T)\times 7 = 12T\times h$$

$$63 = 12h \quad \therefore \quad h = 21\div 4 = 5.25$$

となる．□ = 5.25である．

＊　　　　　　　　　　＊

$A = B = C$ という等式は

$$A = B \quad かつ \quad B = C$$

と同じだから，連立方程式を考えているのと同じである．

　式の処理で機械的に解けるのが方程式の便利なところであるが，立式以外でほとんど頭を使わない．

> 算数は楽しかったのに，数学は楽しくない

と感じてしまう原因の1つである．道具が少ないからこそ工夫で困難を解決する楽しさがあったのだ．数学でも工夫が必要なケースは多いが，それは道具を使いこなせるようになった後で出会うことになる．楽しさを知る前に，道具の多さにウンザリしてしまう気持ちも分からないではない．新しいことを学びながらも，解

法の工夫を要する問題に触れさせ続けることは重要である．そういう指導に耐えられる生徒を選抜するために，中学入試の算数はよく考えられている．

では，この問題は文字を使わずに解けるだろうか？

高さ 9 cm から柱 2 本を除くと，高さが 7 cm になる．2 cm 分の水はどこに行ったのだろうか？　(除かれた柱 2 本)×7 cm である．これはどういう意味だろうか？

(解答 2)

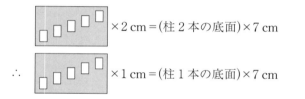

である．面積としては

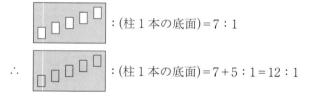

元々，

□×9 cm＝(柱 1 本の底面①)×63cm
⑦

の水が入っているから，柱がなくなると

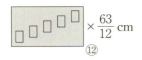

となる.よって,

$$\square = 63 \div 12 = 5.25$$

である.

* *

方程式で考えたことと同じであるが,イメージとして分かりやすい.このように,できるだけイメージと式が直結するようにしておくことが,算数でも数学でも重要である.単なる処理ではなく,現象として算数や数学を捉えられる視点である.

こんな問題をスラスラ解けるような小学生は,傍から見ると「天才」とも思える.(解答2)のように考えていたら,式を書くこともなく,いきなり答えが書けてしまうから,まるで魔法のようである.

天才と思ってもらえるために,

「比で捉える」

という観点はとても重要である.

もう1つ,天才っぽく見られるために重要なことは,**図形問題を鮮やかに解ける**ことであろう.

A中では1日目で4,5問は幾何の問題が出題される.大人でも苦手な,空間図形の問題も含まれる.しかし,スラスラ解ける小学生がいる.中学入試の図形問題では,登場する図形が限られ

ているため,「答えが求まるためには,ここがこうなっていないといけないから……」と逆算できることがある.こういう"図形観"に傾倒すると,数学で失敗することがある.図形を誤認してしまうのである.よくあるのは,双曲面を円錐台と誤認,円錐を切って三角形ができるとの思い込み,などである.細かいことは第4章で.

図形問題も2日目はハードなものが多いから,1日目の問題をいくつか紹介する.1日目も十分に難しい!

●問題6

右の図で,

(ACの長さ):(ADの長さ)=1:1
(ABの長さ):(BEの長さ)=1:2
(BCの長さ):(CFの長さ)=1:3

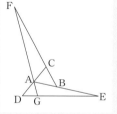

です.このとき,三角形ADGの面積は,三角形ABCの面積の□倍です.

長さの比が与えられて,面積の比を求める問題である.三角形の面積は(底辺)×(高さ)÷2であるから,底辺の比,高さの比から面積の比が分かる.「高さが等しいとき,面積比は底辺の比と等しい」などの形で考えることも多い.特に今回は,与えられた3つの比が,それぞれ1つの直線上での比になっているから,これらが底辺になるような三角形を作り,長さの比を面積比に変換し

ていく.

例えば，AC：AD＝1：1から分かる面積比は，右のように，AC, ADが底辺の三角形を作るためにA, C, DとB, E, F, Gをつなぐことで，

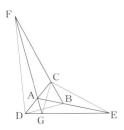

$$\triangle ACB : \triangle ADB = 1 : 1$$
$$\triangle ACE : \triangle ADE = 1 : 1$$
$$\triangle ACF : \triangle ADF = 1 : 1$$
$$\triangle ACG : \triangle ADG = 1 : 1$$

が分かる．同様に

$$AB : BE = 1 : 2, \quad BC : CF = 1 : 3$$

から，

$$\triangle AB\blacksquare : \triangle BE\blacksquare = 1 : 2, \quad \triangle BC\bullet : \triangle CF\bullet = 1 : 3$$

といった面積比がいくつか分かる.

トレーニングを積んだ小学生であれば，このスタート地点までは立つことができる．これらを元に情報を取捨選択し，新たな情報を統合して，求めたい面積比を考えていく問題である（補助線を増やし過ぎると，情報過多に陥り，処理不可能になってしまうことに注意）.

△ABCとの比を考えるのだから，上で■＝C, ●＝Aとした比を使う.

（解答）

△ABCの面積を S とおいておく．S との比が分かるように補助線を引く．つまり，線分 BD と CE を引く．

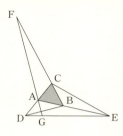

$$\triangle\text{ADB}=S, \quad \triangle\text{BEC}=2S,$$
$$\triangle\text{ACF}=3S$$

さらに AB：BE ＝ 1：2 から

$$\triangle\text{ABD}：\triangle\text{BED}=1：2 \quad \therefore \quad \triangle\text{BED}=2S$$

である．2つ合わせて

$$\triangle\text{ADE}=3S$$

である．

さらに面積比を求めるために，線分 DF，EF を引く．

AC：AD ＝ 1：1 から，

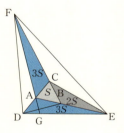

$$\triangle\text{ACF}：\triangle\text{ADF}=1：1$$
$$\therefore \quad \triangle\text{ADF}=3S$$

であり，BC：CF ＝ 1：3 から，

$$\triangle\text{BCE}：\triangle\text{CFE}=1：3$$
$$\therefore \quad \triangle\text{CFE}=6S$$

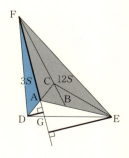

である.

　以上から,

$$\triangle AEF = 12S$$
$$\therefore \quad \triangle ADF : \triangle AEF = 1 : 4$$

である. 辺 AF を底辺としたら, 面積比は高さの比と等しい. つまり, D, E から直線 AF に引いた垂線の長さの比が 1:4 である. これらを斜辺にもつ相似な直角三角形に注目すると,

$$DG : EG = 1 : 4 \quad \therefore \quad \triangle ADG : \triangle AGE = 1 : 4$$

である. $\triangle ADE = 3S$ であるから,

$$\triangle ADG = 3S \div 5 = 0.6S$$

である. $\Box = 0.6$ である.

＊　　　　　　　　　　　＊

　数学の公式（チェバの定理, メネラウスの定理）を使ったり, ベクトルを使ったり, 他にも解法は考えられるが, 算数で考えるとパズルのようでとても楽しい問題になる. **道具が少ないほど工夫の余地が多く, パズル感覚で問題を解くことができるからだ.** 代数でも幾何でも, 自分なりの工夫ができること, しかも解けると嬉しいこと, それが算数が A 校生を引きつけてやまない魅力となっている. A 校生に中学入試の問題を解かせると, 中学生でも高校生でも, とても盛り上がる.

> あの頃は賢かったー

と多くの生徒が言っているのを見ると，算数は数学よりも難しい
ことが実感できる．頭の柔らかさが必要であるから，大人になる
と算数では解きにくくなる（高度な道具に頼らないと解けなくな
る）．短時間で答えを見つけ出す A 校生の能力は，本当に天才的
である．

　さて，せっかく A 中の幾何を紹介しているので，空間図形の問
題も 1 つやってみよう．

　空間図形を把握するコツは，「超人的な空間認識能力でパッと
分かる」という思い込みを捨てることである．

　丁寧に調べて，「こうなるしかない」という図を探し出して，
図形の性質から「本当にこれで間違いない」と確信を得るしかな
い．すばやく空間図形を認識できる人は，このスピードが速いの
である．

　切り口を考えたり，何かを延長してみたり．高校生になると，
式に頼って確証を得ることもできるが，算数ではそれができない．

　余談だが，図形問題では出題ミスが起こりやすい．算数でも数
学でも．「与えられた設定を満たす図形が存在しない」というミス
である．

　あるところ（A 校ではない）で出題された算数の問題では，円
の内側に三角形があるのに，その三角形の辺の長さが円の直径よ
りも長かった．そんな図形は存在しない．

　実は，この問題が出題ミスであることはあまり知られていない．

２. 発想力が試される中学入試の算数

あるとき，私はある人にこの問題を紹介した．幾何の問題として
楽しんでもらいたいという意図であった．

> 虚数解になった！

というナゾのコメントがあった．虚数といえば

$$i^2 = -1$$

である．２次方程式を解の公式（第４章で扱う）で解くと，ルー
トの中がマイナスになることがある．そういうものも数字として
認めざるを得ないため，i を導入しなければならない．i のおかげ
で数学の世界はかなり拡大されているので，気に入らなくても
「数学の世界にはこういうものがあるんだ」と割り切るしかない
ものだ．現実世界にない「-1」を数学の世界では受け入れるの
とほぼ同じである．

　話を戻す．

　この人は幾何で解くことを諦めて，代数的に解いたらしい．そう
して図形のある部分の長さを求めたら，虚数になったのだそうだ．

　その意味を探ると，図形の設定ミスであることが発覚した．

　算数を数学で解こうとして初めて気づく．算数では，虚数にな
る長さが分からなくても，工夫することで「答えがあるなら，こ
れしかない」という数値を求めることができるからだ．

　算数の難問として受け入れられていた問題だったから，衝撃的
だった．

　出所の知れた問題ということで，精査せずに紹介してしまった

49

ことを後悔した.「こうやったら答えが出るんだから」と図形の存在を確認していなかったのである.

　そういう思い込みでの出題ミスは,大学入試センター試験の数列の問題でも起きたことがある.普通に考えたら,間違いなくある選択肢を選ぶのだが,よ〜く考えたら別の選択肢でも間違いではない,ということがあった.しかも,「センターが想定している解答(例えば,④)」よりも若い番号(例えば①)が「正しいと解釈できる選択肢」に振られていたのだ.だから,選択肢を前から見ていた受験者がそれに気づいたのである.かなり数学の力がないと気づきにくいものであったが,間違いなく正しい解答は2つあった.

　少し話がそれてしまった.

　存在しない図形が問題に登場することがないとは言えない.しかし,問題を解くときには,「与えられた図形は存在する」と信じて解くしかない.毎回,「こんな図形は存在するのか?」と考えていたら解ける問題も解けなくなってしまう.「存在しないかも知れない」と感じても,それが思い込みの可能性がある.無駄に時間をロスしないように,テスト中は受け入れることが肝要.終了後にじっくり検証して,本当におかしかったら,報告すれば良い.

　前置きが長くなった.

　空間図形の問題を考えるときも,「図形はキレイにできあがる」という前提のもとで考えることが重要である.特に,全体のイメージがとらえにくく,部分の積み上げで把握しなければならない空間図形のときはなおさらである.

　では,問題にいってみよう.算数の定番,展開図の問題である.

2. 発想力が試される中学入試の算数

●問題7

展開図が右の図のような立体の体積は □ cm³ です．ただし，4つの四角形はすべて合同な台形です．また，三角形の面のうち，2つは直角二等辺三角形，残り2つは正三角形です．

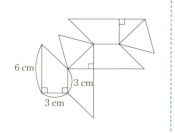

パッと見ても完成図は想像し難い．どこがくっつくか，すぐに分かるところからペアにしていこう．続きはその後で考える．

(解答)

すぐにくっつくことが分かるペアは右の通りである．

ペアが見つかっていない辺は，長さで区別することができ，ペア3つを作ることができる．よって，くっつくペアは下左図の通りである．ここから完成図を考える．

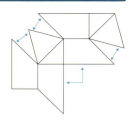

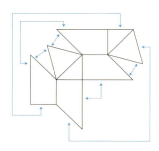
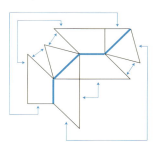

51

太線で2つに分割すると，同じ立体ができる．片方のパーツだけ考えてみる．

　直角二等辺三角形が底面になるようにして組み立てる．

　直角の頂点に台形の6cmの辺がくっつくが，台形の中での90°に注意すると，この長さ6cmの辺は底面と垂直になる．

　台形で6cmの辺の向かいの辺は，6cmの辺と平行になるから，これも底面と垂直になる．底辺と垂直に真っ直ぐに立った3辺にフタをするように正三角形がくっつき，側面の長方形（太線）の部分には面がない．

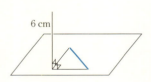 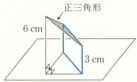

　これが全体像の半分である．全体像は，太線に沿って，これと同じ図形が上下逆さまにくっつく．体積を求めるだけなので，全体像の図は描かず，体積だけを考える．垂直がたくさんあることを利用する．

　半分の立体は，等辺が3cmの直角二等辺三角形を底面にして，高さが3cmの三角柱と三角錐を合わせたものである．

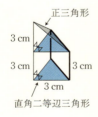

　よって，全体の体積は

$$2 \times \left(\frac{3^2}{2} \times 3 + \frac{1}{3} \cdot \frac{3^2}{2} \times 3 \right) = 36$$

である．□＝36である．

＊　　　　　　＊

1つの頂点に垂直な3辺が集まることがポイントとなった.

全体像を考えると手間が1つ増える. 半分の図が分かれば十分である. 体積を求めるところも, 分かる立体に分割することでスムーズに解ける.

ここまでA中入試らしい問題を7個, 紹介してきた. いずれも1日目の問題で, 答えを□に記入するだけで良い問題であった. 導き方は問われないから, 逆算して答えても, 定規を使って測った長さを答えても, 論理性が不十分であっても, 正しい答えと同じものを書きさえすれば良かった.

2日目の問題は文章が長く, 一段難しくなるから, 本書では扱わないつもりであった. しかし, A中生のルーツを知っていただくための第2章であるから, 2日目に触れないで行くのは避けるべきだろうと思うに至った. 1問だけであるが, 紹介しておきたい. 算数, 数学に自信がない人は, 雰囲気だけ感じていただければ十分である. 自信がある人は, ぜひ, 解いていただきたい. 小学生にここまでやらすか, と思われるのではないだろうか.

では, 入試算数の頂上へ.

●問題8

9桁の整数123456789を A とします．また，A の各桁の数から2個を選び，それらを入れ替えてできる9桁の整数を考えます．このような9桁の整数は全部で36個あり，これらを小さいものから順に①，②，……，㊱とします．例えば，① = 123456798，② = 123456879，③ = 123456987，⑨ = 123486759，㊱ = 923456781です．

以下では，①，②，……，㊱から A を引いて得られる36個の整数① $- A$，② $- A$，……，㊱ $- A$ を考えます．例えば，

$$① - A = 123456789 - 123456798 = 9,$$
$$② - A = 90, \quad ㊱ - A = 799999992$$

です．

(1) 36個の整数① $- A$，② $- A$，……，㊱ $- A$ のうち，1000で割り切れるものは何個ありますか．

(2) 36個の整数① $- A$，② $- A$，……，㊱ $- A$ のうち，37で割り切れるものは何個ありますか．

(3) これら36個の整数をすべてかけて得られる整数

$$(① - A) \times (② - A) \times \cdots\cdots \times (㊱ - A)$$

は3で最大何回割り切れますか．例えば，810は3で最大4回割り切れます．

何が何だか……という印象である．

解説は"本気"でやるので，適宜，読み飛ばしていただきたい．

36個になる理由は，入れ替える2個を9個の中から選ぶ方法が何通りあるかを考えれば分かる．数学で言うと

$$_9\mathrm{C}_2 = \frac{9 \cdot 8}{2 \cdot 1} = 36$$

である．

小さい方から順に①，②，……，㊱としているが，この順番に意味はなさそうである（36個の中に条件を満たすものが何個あるか？全部かけたらどうなるか？という問題だから）．具体例として⑨ = 123486759などが与えられているが，これの意味を考えたりし始めると大きなタイムロスになる．しかし，書かれてしまうと気になってしまうもの．解答とは無関係だが，後ほど，大小順について少し考察しよう（本編と無関係であり，しかも煩雑なので，読み流しても問題ない）．

では，本題に移ろう．

たった36個の数だから，①～㊱をすべて列挙してしまって，① $- A$～㊱ $- A$ をすべて求めてしまうこともできる．

そして，(1)は下3桁が000になるものを数えたら良い．

(2)は，① $- A$～㊱ $- A$ を頑張って37で割って，割り切れるものを探していけば良いが，かなりの労力になりそうだ．

(3)では① $- A$～㊱ $- A$ がそれぞれ3で最大何回割り切れるかを調べて，それらの総和を考えたら良いことが分かるだろう．

この問題を解くだけに2時間くらい使って良いなら，すべて列挙する解法も選択肢になるが……あるいは，エクセルなどを使っ

て良いなら，パッと答えが分かるかも知れないが……「答え以外に文章や式，図などを書きなさい」に対しては対応しにくいし，解答用紙を大きくはみ出すことになるだろう．

　ということで，①−A〜㊱−A の数としての性質（構造）を把握し，37という数字の意味を探り，3で最大何回割り切れるかを特定する方法だけを考えていこう．36個の数字を求める問題ではないから，「求めよ」と言われているものだけ求めよう！

　そのために，再度，実験．

　ここからが本題である．

　A の各位の9個の数から2つを選んで入れ替えて A との差をとると，どんな数が得られるかを考える．

　例えば，2と6を入れ替えるとき，得られる数（B とおく）は

$$B = 163452789$$

で，A との差（C とおく）は

$$C = B - A = 163452789 - 123456789 = 39996000$$

である．A と B の違いが見えやすくなるようにすると，

$$A = 103450789 + 2 \times 10^7 + 6 \times 10^3$$
$$B = 103450789 + 6 \times 10^7 + 2 \times 10^3$$

である．よって，差は，

$$C = (6 \times 10^7 + 2 \times 10^3) - (2 \times 10^7 + 6 \times 10^3)$$

$$= (6-2) \times 10^7 - (6-2) \times 10^3$$

$$= 4 \times 10^3 \times (10^4 - 1)$$

$$= 4 \times 10^3 \times 9999$$

である．法則は

・2と6の差が「4」であるから，「4」に9が「4」個並んだ
9999をかけている．

・10^3の3は，入れ替えた2×10^7，6×10^3のうち小さい方の10の
指数の3である．

　法則が正しいことを，もう1つ例を挙げて確認してみよう．

　1と4を入れ替えるときは，AとBで023056789が共通で，A
の$1 \times 10^8 + 4 \times 10^5$を$B$では$4 \times 10^8 + 1 \times 10^5$に変える．よって，

$$C = B - A$$

$$= (4 \times 10^8 + 1 \times 10^5) - (1 \times 10^8 + 4 \times 10^5)$$

$$= (4-1) \times 10^5 \times (10^{8-5} - 1)$$

$$= 3 \times 10^5 \times 999$$

となる．法則は確かに正しい．

　これで，構造は見抜けただろう．

　前置きがかなり長くなってしまったが，やっと解答に入ること
ができそうだ．

（解答）

p と q を入れ替えるとする（$1 \leqq p < q \leqq 9$）．

入れ替えた数（B とおく）と A では，A で $p \times 10^{9-p} + q \times 10^{9-q}$ である部分が $p \times 10^{9-q} + q \times 10^{9-p}$ に変わっている．

よって，差（C とおく）は

$$
\begin{aligned}
C &= (p \times 10^{9-q} + q \times 10^{9-p}) - (p \times 10^{9-p} + q \times 10^{9-q}) \\
&= (q - p) \times (10^{9-p} - 10^{9-q}) \\
&= (q - p) \times 10^{9-q} \times (10^{q-p} - 1)
\end{aligned}
$$

である．$10^{q-p} - 1$ は 9 が $q-p$ 個並ぶ数である．

(1)　C が1000の倍数になる条件は，10^{9-q} が1000の倍数になること，つまり，

$$
9 - q \geqq 3 \quad \therefore \quad q \leqq 6
$$

である．123456789のうち 1 ～ 6 から 2 つを選ぶということだから，そのような B は

$$
{}_6\mathrm{C}_2 = \frac{6 \cdot 5}{2 \cdot 1} = 15 \text{個}
$$

ある．

(2)　$111 = 37 \times 3$ に注意する．

$$
C = (q - p) \times 10^{9-q} \times (10^{q-p} - 1)
$$

が37で割り切れる条件を考えよう．

37は素数で，$1 \leqq q - p < 10$ であるから，$q-p$ と37は互いに

素である．もちろん，10^{9-q} と37も互いに素である．よって，$10^{q-p}-1$ が37で割り切れる条件を考えることになる．

$10^{q-p}-1$ が37の倍数になる条件は，

$$10^{q-p}-1 = 99 \cdots\cdots 99 = 9 \times 11 \cdots\cdots 11$$

の11 $\cdots\cdots$ 11の部分が37で割り切れることである．$111 = 37 \times 3$ より求める条件は，この部分が

111　または　111111

となること，つまり，$q-p$ が3または6になることである．

・$q-p=3$ となるのは，$(p, q)=(1, 4), \cdots\cdots, (6, 9)$ の6個．

・$q-p=6$ となるのは，$(p, q)=(1, 7), (2, 8), (3, 9)$ の3個．

　よって，全部で9個ある．

(3)　　$C = (q-p) \times 10^{9-q} \times (10^{q-p}-1)$

が3で最大何回割り切れるかを考える．10^{9-q} は3で割り切れない．

　$q-p=1, 2, 3, 4, 5, 6, 7, 8$ である．3で割り切れる回数は，順に0, 0, 1, 0, 0, 1, 0, 0である．$q-p=1 \sim 8$ となる p, q の組は，順に8, 7, 6, 5, 4, 3, 2, 1個ある．

　$10^{q-p}-1$ は，$q-p=1 \sim 8$ の順に

9, 99, 999, 9999, 99999, 999999, 9999999, 99999999

で，3で2, 2, 3, 2, 2, 3, 2, 2回割り切れる（注）．

ゆえに，C が3で割り切れる回数は，$q-p=1\sim8$ の順に

2, 2, 4, 2, 2, 4, 2, 2

である．

$q-p$	1	2	3	4	5	6	7	8
$(p,\ q)$の個数	8	7	6	5	4	3	2	1
3の回数	2	2	4	2	2	4	2	2

よって，36個の積が3で割り切れる回数は

$$8\times2+7\times2+6\times4+5\times2+4\times2+3\times4+2\times2+1\times2=90$$

である．

＊　　　　　　　　　　　＊

（注）

整数が3で割り切れるかどうかは，「各位の数の和」が3で割り切れるかどうかで分かる．さらに「各位の数の和」を9で割った余りが，元の数を9で割った余りと一致する．

9, 99, 999, 9999, 99999, 999999, 9999999, 99999999

は，9でくくると

9×1, 9×11, 9×111, 9×1111, 9×11111, 9×111111,
9×1111111, 9×11111111

である．111と111111は3で割り切れる．他の1……1は3で割り切れない．

（補足）

解答では，大小順に並べた①〜㊱や①−A〜㊱−Aに意味がないため，BやCとおいて考えた．

しかし，問題文には大小に関する言及があって，受験者を混乱させた．せっかくの面白い問題なので，少し考察してみよう．

最高位の数が大きいほど数は大きい．まず，最高位が1のものを数えてみよう．

最高位の数が1の数は，2〜9の8個から入れ替える2個を選ぶときで，

$$_8\mathrm{C}_2 = \frac{8 \cdot 7}{2 \cdot 1} = 28 \text{個}$$

ある．この28個（①〜㉘）の詳細については後述．

最高位が1以外のもの（㉙〜㊱）は，1と2〜9のどれかを入れ替えることになり，全部で8個ある．1と9を入れ替えるものが，最高位の数が9になる唯一の数で，これが最大である．だから，㊱＝923456781である．その1つ前は，1と8を入れ替えた㉟＝823456719である．㉙〜㊱はこのようにして定まる．

最高位が1のとき（①〜㉘）．次の数が2であるものは，3〜9から2個を選ぶことになって，

$$_7\mathrm{C}_2 = \frac{7 \cdot 6}{2 \cdot 1} = 21 \text{個}$$

61

ある（これが①〜㉑）．そうでないものは，2と3〜9のどれかを入れ替えたもので，7個ある（㉒〜㉘）．

㉒ = 132456789，㉓ = 143256789，……，㉘ = 193456782

このように考えていけば，36個の順番が分かる．しかし，かなり大変である．

もしかしたら，作成段階では「⑨を求めよ」といった問題もあったのかも知れない．そして，難度調整していくうちにこの設問がなくなり，数を区別するためだけに①〜㊱という設定が残ったのかも知れない．もしも「⑨を求めよ」を解くとしたら，どうするだろう？　余力のある人は，一度本書を閉じて考えていただきたい．

では，「⑨を求めよ」を解いてみよう．

解答では，「p と q を入れ替えるとする（$1 \leqq p < q \leqq 9$）」と設定した．

・$p = 1$ のものが㉙〜㊱（$p > 1$ が $_8C_2 = 28$個あるから）

・$p = 2$ のものが㉒〜㉘（$p > 2$ が $_7C_2 = 21$個あるから）

・$p = 3$ のものが⑯〜㉑（$p > 3$ が $_6C_2 = 15$個あるから）

・$p = 4$ のものが⑪〜⑮（$p > 4$ が $_5C_2 = 10$個あるから）

・$p = 5$ のものが⑦〜⑩（$p > 5$ が $_4C_2 = 6$個あるから）

・$p = 6$ のものが④〜⑥（$p > 6$ が $_3C_2 = 3$個あるから）

・$p = 7$ のものが②〜③（$p > 7$ が $_2C_2 = 1$個あるから）

・$p = 8$ のものが①

である．⑨は $p=5$ である．$q=6$, 7, 8, 9 の順に B の下 5 桁が

　　65789, 76589, 86759, 96785

であるから，順に⑦，⑧，⑨，⑩である．よって，

　　⑨ = 123486759

である．問題文にあった数とちゃんと一致している．

＊　　　　　　　　　＊

　「これを算数と呼んで良いのか？」というレベルの問題であった．追加の問題もまずまずの難易度であった．

　しかし，A 中は入試算数の最高峰．一度出題されたら，中学受験指導塾は過去問としてコレを取り扱うことになる．次に同じような問題が出題されたら解けるようにトレーニングされた受験生が育っていくのである．

　一方，A 中としてはパターン学習が得意な生徒よりも，その場での思考・判断・表現力に長けた生徒が欲しいから，新しい出題を考える．それに対応する指導を進学塾が行う．これが繰り返される．

　問題を解くことを楽しんで，その域に達することができる小 6 生が合格して，入学後も活躍していくのだろう．

　入試算数については，拙著

　　『ガウスとオイラーの整数論　～中学入試算数が語るもの～』
　　（技術評論社・2011/2）

『"数学ができる"人の思考法　～数学体幹トレーニング60問～』（技術評論社・2015/10）

でも扱っているので，より深く学ばれるなら，ぜひご一読願いたい.

3.

学校の授業進度

3. 学校の授業進度

　算数は難しい……難問の解説が続いた．ある意味，東大の数学よりも算数の方が難しい．パターンにはまらず，各問題ごとに工夫が必要になるからだ．前章でその意味が伝わっただろう．

　そして，次章は，中学生の授業の様子や高校生の指導面の話である．数学色が強くなる．

　その間に入る本章は，箸休め．学校の数学がどのような進度で進んでいるのかを簡単に紹介したい．

　中高生が学ぶ数学は，大きく分けて

　　　中学範囲
　　　高1範囲：数学Ⅰ，数学A
　　　高2範囲：数学Ⅱ，数学B
　　　理系範囲：数学Ⅲ

である．

　数学A，数学Bは3つの分野のうち2つ選択となる．数学Aは

　　　場合の数・確率，幾何，整数

といった難関大学で頻出の分野だから，どの学年でもすべて扱う．

　数学Bは

　　　ベクトル，数列，統計

となっており，多くの学年では統計を扱わない．

しかし，センター試験のベクトル，数列は時間がかかる問題であることが多く，一方で統計は勉強していれば易しい問題であることが多い．ゆえに，希望者だけに統計の指導をする学年もある．学年によっては，とことん詳しく扱うこともある．正規分布の理論をゼロから構築すると，数学Ⅲの積分では扱い切れず，大学範囲の積分が必要になる．そんなことはお構いなしに，しっかり指導していることもあるのだ．

また，本来，数学Ⅲは理系のみが学ぶ範囲であるが，A校ではかなりの確率で文系にも数学Ⅲを教えている．もちろん，すべてを教えるわけではなく，文系入試で役に立つ微分がメインである．

文系が数学Ⅲを用いることには賛否が分かれるが，使えば解けて，使わなければ解けそうにない場合は，躊躇なく利用するべきである．仮に満点をもらえなくても，十分に得点はもらえるはずだ．

さらに，学年によっては旧課程の数学Cを教えることもある．行列と1次変換である．大学に入ってからの線形代数という分野を学ぶときに有利になる．そういった優しさで教えているのだとは思うが，もしかしたら，やることが無くなって扱うこともあるのかも知れない．

A校では，中学範囲はほぼ中1の間に終える．中2の途中から高校数学に入っていく．ただし，学年によっては，幾何の授業を"ユークリッド形式"の公理ベースでやっていくこともあるようだ．

ユークリッドの名著「原論」は，「聖書」に継ぐベストセラー

とも言われ，古代ギリシャ時代から現在まで読みつがれている．
簡単な解説は拙著

> 『ユークリッド原論を読み解く　～数学の大ロングセラー
> になったわけ～』（技術評論社2014/6）

にあるので，ご興味があれば参照していただきたい．

　ともかく代数と幾何に分けて，どんどん進んでいく．

　その後，中学3年間で，数学ⅠAⅡBの大部分を終える．通常，
2つの単元くらいが高校1年生に回される．少し遅いと4単元ほ
どが終わっていない学年もある．

　残った単元は，高1の途中で終わってしまう．

　では，そこからどうなるか？　数学Ⅲに進むのかと思いきや，
先には進まなくなる．入試数学の演習を始めたり，数学Cをやっ
たり．

　なぜ，ここで足踏みするのだろう？　それは，いわゆる"新高"
の存在のためである．中学からA校に通っている生徒は"在来"
と呼ばれ，高校からA校に入ってきた生徒が新高である．

　高2のスタートから在来と新高が混ざり，同時に数学Ⅲを開始
するのがA校の特徴である．

　他の教科は高1のスタートから一緒に授業を受けることもある
が，数学は無理である．新高の中には他の一貫校から来た人もい
るが，多くは公立中学の出身である．やはり数学は進度的に厳し
い．

　しかし，英語については，入試を終えたばかりの新高が在来を

圧倒することもあるようだ．努力がものをいう英語などの教科では，入試がなくてモチベーションが上がりにくい中3〜高1の在来生にとっては，ネックになっている．もちろん，学校の勉強をちゃんとやり，NHKの基礎英語もちゃんとやり，塾での英語もちゃんとやって，着実に実力を伸ばしている生徒も多い．

　それにしても，高校1年生の1年間で高2範囲まですべてを終わらせる新高は，なかなかハードである．

　高2からは文系と理系に分かれて授業が行われる．220人ほどの生徒のうち文系は何人くらいいるのだろうか？

　50名ほどの学年もあれば，異常に少ない学年では30人に満たないこともある．文系で1クラス作れないという事態におちいる．文系と理系が一緒に社会の授業を受け続けることになるのだ．一般に理系は，社会で地理を選択することが多いが，A校生は自分の好きな科目を選ぶことが多い．理系でもセンター社会で満点近くとる人は多いが，そういう人はだいたい日本史選択か世界史選択である．地理は，そこそこの点はとりやすいが，満点近くはとりにくいのである．センター試験の合計で9割以上の得点をとる人が多いA校生．95%以上の得点をとる人もざらにいる．そのレベルの人の失点は，ほとんどが国語である．国語で40点くらい失点して，他の科目ではぜんぶ合わせて10点くらいしか失点せず，合計で95%くらいの得点になる．国語もだいたいは現代文で落とす．それくらい国語で満点近くはとりにくいのである．

　さて，話を戻そう．

　高2までは文系と理系は分かれていない．

理科，社会の選択科目についてはどうなっているのか？　実は，中学〜高1の間は，あらゆる科目を学んでいる．物理・化学・生物・地学・日本史・世界史・地理・公民．高2から選択制になって本格的に学んでいく．選択科目以外は途中で終わることになるようだ．日本史は平安時代までやった，という感じである．

　また，柔道が必修であるのも，開校以来の伝統である．

　高3は入試対策の授業になることが多い．まれに，入試直前に大学数学の内容をやっている学年もある．これにはかなり驚いた．学校の先生方のプリントは質・量とも充実しているので，それをしっかりやって力を付けている生徒も多い．そして，塾で別の視点も学び，より学力を高めている．また，学校よりも少人数の指導になることも多いため，塾での学習に軸足を置く生徒もいる．

　多くの生徒は，学校の先生からたくさんの問題をもらって，塾では解答の添削をしてもらい，模試は他塾のものを受けて……と，いくつもの教育機関を巧みに利用している．A校生というだけで無料になる塾もあるようで，彼らはそういうことを本当にうまく利用する．

　少し話は逸れるが，彼らの通学状況はどうだろうか？　A校には，かなり遠くから生徒が集まる．

　遠方の場合，家族で引っ越したり，新幹線で通ったり，親戚の家に住ませてもらったり，あるいは，A校生専用の寮に入ったり．長い通学時間を勉強時間にしたり，みんなよく頑張っている．とっても重いリュックを背負って．最近はキャリーバッグをガラガラしている生徒も見かける．

「鉄道研究部だから長距離は苦ではない．ずっと貨物列車を見ている．」と言っている生徒がいたが，彼は音を聞くだけで種類が分かるそうだ．

「うっかり寝過ごして終点まで行ってしまったことがあります．」と言っていた生徒は，3時間ほど寝過ごした計算になる．

新幹線通学の生徒は「寝過ごしたら…とても大変なことになります．」と言っていた．

Memo

4.

算数から数学への道

4. 算数から数学への道

　頭が算数の中学1年生．彼らをスムーズに数学の世界に引き込むのは難しい．数学にどっぷり浸かっている大人とは別の生き物で，言葉すら通じないくらいの存在と思って接する必要がある．算数の天才を数学の天才に育てていく重要な作業である．

　実際のA校でどのような授業が行われているのかを実見したことがないので，本章は私が塾で行っている指導をベースにしていることを注意しておく．授業でのシーンをいくつか紹介していこう．

　生徒のコメントを　　　　　　で，先生のコメントを　　　　　　で表す．

　まずは中1の授業風景から．

■授業テーマ1

　$(-1) \times (-1) = 1$ となる理由は？

　A中生の多くは，小学校の塾で習って，負の数くらいは知っている．平方根も知っているし，三平方の定理も知っている．もちろん，文字式の計算も知っている．背理法を知っていることもあるし，本当に色々と知っている．塾の先生が授業のネタで話したことをよく覚えている．あくまで「知っている」という段階である．その「知ったかぶり」に対して，しつこく「なぜ？」「どうして？」と追求して，数学の世界に自然に導いていくのである．「知っている」を「構成できる」まで引き上げるのである．

4. 算数から数学への道

「$(-1)×(-1)=1$ となる理由は？」は，A高生でも答えにくい．
答えられる人も多くは「0に関する対称変換」として説明する．
それだけではもう一歩，不十分である．定義を思い出すしかない．

　-1 とは？

（授業シーン）

> $(-1)×(-1)$ の答えを知っている人，手を挙げて！

こう問いかけると多くの中1が手を挙げてくれる．

> ハーイ，ハーイ，1やで！

> 何で言うねん！

> 知っていますか？と訊かれたら，「はい」か「いいえ」かで答えるものやで！　しかも，知っている人，手を挙げてと言われて答えを言うのは反則やで！

> $(-1)×(-1)$ はいくら？と訊かれたら「1」か「それ以外の数字」か「分かりません」かで答えるねんで

　こういうのは授業でよく起こることである．分かっていること，
知っていることをアピールしたいから，答えを口に出してしまう
のである．

75

じゃあ，なぜ1になるか，みんなに分かるように説明できる人は？

マイナスとマイナスはプラスやねん

（注）「－」の線2本を組み合わせたら「＋」が作れるという理屈らしい……
「－－」⇒「｜－」⇒「＋」

じゃあ，－1と－1を足したら，2になるの？

いや，それは－2やねん，足すときはちゃうねん

それは答えになってないわ！

他に説明できそうな人は？

　この辺りでヒントを出す必要がある場合と，図形的な解釈（「0に関する対称変換」）を知っている生徒がいて彼に任せる場合がある．後者のバージョンにしてみよう．

先生，ボク，知ってる！

－1をかけたら，数直線が0のところでひっくり返るねん．だから，－1に－1をかけたら，0でひっくり返って1になるんやで

4. 算数から数学への道

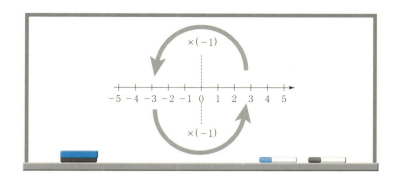

> 確かに，こう考えたらイメージしやすいね

> かけ算したら，0だけは変わらなくて，他の数字は違う数字と入れ替わって，数直線上の数字は，数直線全体に再配置される，ということで良いの？

> 例えば，2をかけると……

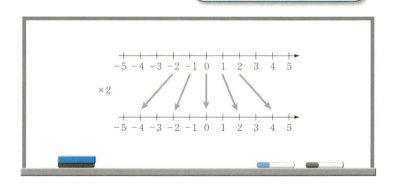

> 他の数字を考えても同じかな？

77

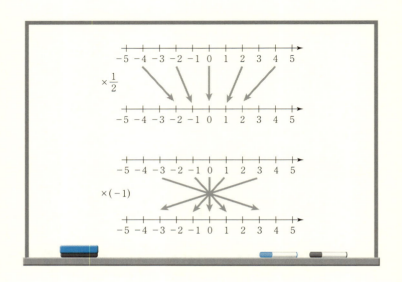

ホンマや！

これでカンペキやん

数字の移り変わりを，こんな風に見たら良いねんけど，矢印だけだと正確性に欠けるから，数学では2つの数直線を垂直に交わらせてグラフを書くんやで．知ってるか？

2をかけるのは比例やろ？

$y=2x$ やで，知ってる！

> −1 やったら $y = -1x$ なん？

> 1 は書かんでエエはずやで，だって，1 をかけるときは $y = x$ やもん

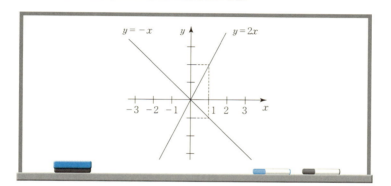

> こういうの関数って言うんやろ？

> そうやで．x の式を計算した結果を y として，x と y の関係を考えるねんな

> これで −1 をかけたらどうなるかを図で表せたね

> 他にも関数はあるで

> 例えば，x を 2 回かけた値を y にするねん．$y = x^2$ ってこと．これはどんなグラフ？

2次関数やろ？ 聞いたことある！

確か，放物線って言うはずやで

アルファベットの U みたいなヤツ

ちゃんとやってみなさいよ．
x が 1 だったら y は？

1！ x が -1 でも 1 やで

2 でも -2 でも 4 やし

でも 0 になるのは 0 だけちゃうん

10 やったら 100 やん！ 図の中に書かれへん！

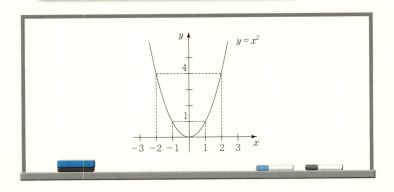

4. 算数から数学への道

将来的にはもっと色んなグラフが出てくるから楽しみにしといてな！

で……

「ひっくり返る理論」をキッチリ説明したら，こんなグラフの話になったけど，そもそも−1をかけたら，ナゼ，ひっくり返るん？

図で考えたのは，理由というより解釈になってるもんね

$(-1) \times (-1) = 1$ を本気で理解するには，−1のことを本当はどう捉えたら良いか，代数的にやってみたいねんけど，興味ある？
むっちゃ難しいから止めとこうか？　どないしよう？

　こういう言い方をしておくと，負けず嫌いなA中生たちは食いついてきてくれるはずである．

いちおう聞いときたいな

教えてぇや！

ホンマか！　特別やで．
でも大学生がやるようなことやから，中1には難しいからな．覚悟しといてや

81

−1ってそもそも何なん？

数直線で0から左に1のトコロ

1円借金してんねん

そういうのとちゃうねん！

よく聞いてや. 逆数って聞いたことあるやろ？
2やったら，$\frac{1}{2}$. $\frac{2}{3}$やったら，$\frac{3}{2}$.
かけて1になる数字のことやね

じゃあ，1は何？　かけ算の観点から説明すると？

かけても変わらない数字！

あっ！　0は足しても変わらん数字や！
先生，これを言いたかったんちゃうん？

おっ，天才ちゃうん？　そうやで！

1は何にかけても値を変えない唯一の数字

xの逆数は，xにかけて1になる唯一の数字

4. 算数から数学への道

0 は何と足しても，値を変えない唯一の数字

"唯一" ってのが大事やで！
1 つに決まる，ってことね

$-x$ は●●となる唯一の数字．●●は？

x と足して 0 やろ？

ホンマか？　みんなもそう思う？

他にないし，そりゃそうやで！

そうやな．この教室は天才だらけやん！
ということやから，-1 は "1 と足して
0 になる唯一の数字"

$$(-1)+1=0$$

これが -1 を定める式やで

-1 を x にかけた $-x$ は，"x と足して 0 になる唯一の数字" のことで，大事な式はコレ！

$$(-x)+x=0$$

これだけヒントがあったら，$(-1)\times(-1)=1$ が代数的に証明できるんちゃうか？

（しばらく放置……）

そろそろやってみようか．何となく分かるけど，言葉にしにくいやろ？

$(-1)\times(-1)=-(-1)$ やから，これは，-1 と足して 0 になる唯一の数字を表している．つまり

$$\underline{(-1)\times(-1)}+(-1)=0 \quad \cdots\cdots \ ①$$

分かった？

うん！

もっと厳密にやると，左辺を-1でくくるねんな．

$$(-1)\times(-1)+(-1)=(-1)\times\{(-1)+1\}$$

ってこと．それで，$(-1)+1=0$やから，①が成り立つねん

ちょっと難しいやろ？　もう少しやから頑張るで

えぇ～，もう無理やわ

じゃあ，やめよか？

そういうことちゃうねん！　はよやろ．

しゃあないな，もうちょっと，頑張るで！

1と足して0になる唯一の数字が-1やったけど．これを式で書いたらどうなるんやった？

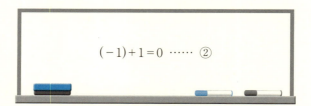

> ①と②を見て思うことない?

> ①って何やった? 忘れたー

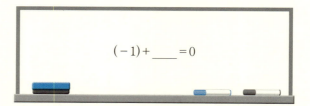

> 同じ形になってるけど……

$$(-1) + \underline{} = 0$$

> そうやな,両方とも同じになってるな!
> 下線部が同じやったらエエねんけどな……

4. 算数から数学への道

先生，さっき"唯一"って言ってたで！

おっ，そうやった，そうやった．①が $-(-1)$ の定義の式だから，下線部に入る数字は1つしかないんだった！

ってことは，$(-1) \times (-1)$ と1は一致するはず！

そう．だから，$(-1) \times (-1) = 1$ やねんな

何かだまされた感じ……

屁理屈っぽいわぁ

でも，定義からちゃんとやってるから，しゃあないわな

普通，こんなん中1ではやらんで

でも，みんなには数学の最終形態を見ておいてもらいたいな，と思って特別にやってんねん

屁理屈は得意やろ？

87

> 誰にも文句を言われないような屁理屈の作り方を勉強していくのが数学かも知れん

> それやったら得意になれるんちゃうん？

> う〜ん，そうやな

* *

　色々と話が発散したので，収束させるのが大変であった．実際に授業すると，こんなスムーズに運ぶとは限らないが，こういう授業が年に何回かはあっても良いと筆者は考えている．

　少し先のことを見せつつ，

　　「完全に分からないと先に進めない」

という姿勢に陥らないようにする意図もある．このように考えていると，非常に辛い．

　超進学校に通うと，すべてを完全に理解して，すべてを定着させて，定期テストで良い点を取る，というのは難しい．長いＡ校生活では

　　「分からないものは分からない」
　　「とりあえず問題は解けるようにしておいて，慣れてきたら，いつか分かるやろ」

という感覚も大事である．その中で自分の得意分野をしっかり伸ばしていければ十分である．A校内で平均以下でも全国では超トップレベルであることは間違いないのだから．

　私見で申し訳ないが，得意分野は，教科でなくても良い．

　できれば知的分野であって欲しいが，スポーツでも構わない．将棋にはまる将棋部でない生徒を何人か見てきた．プログラミングにはまる生徒もいる．中国のある時代だけ詳しいとか．ディベートとか，生徒会とか，楽器とか．

　そういう「位置付け」をちゃんと行うことができている方が，A校生活は楽しいように見える．中には「勉強しない」キャラクターを確立してしまう人もいる．

　ただし「位置付け」は自分次第で変更可能で，変わっても「へぇ～」程度でまわりの人も変化を受け入れてくれるのが，A校の良いところ．友人同士でも先生とでも，距離の決め方がうまい生徒が多いからだ．

　　「この分野はアイツには敵わないな」
　　「でもこの分野は誰にも負けないぞ」

という感じで，楽しい6年間にしてもらいたい，というのが中1を指導するときに思うことである．

　同じく中1をイメージした授業風景をもう1つサンプルとして挙げてみたい．

■授業テーマ２

$x^2 - 3x + 2 = 0$ を満たす x を求めよ.

ついつい解法を教えてから，そのやり方を覚えさせ，練習させる指導をしてしまいがちだが，天才児たちはそんなやり方ではついてきてくれない．より深く理解させるための方法を追求し，彼らの頭がフル回転するよう仕掛けていく必要がある．と言うよりは，頭がフル回転していない状態，余裕がある状態だと，彼らはすぐソッポを向いてしまい，おしゃべりを始めたり，寝てしまったり，大変なことになる．分からな過ぎても授業妨害を始める生徒が現れるから注意が必要だ．彼らをコントロールするのは本当に難しい．自由にさせる時間も作ることで，メリハリをつけるしかない．

（授業シーン）

中１に自由に解かせると，

> $x=1$ は $1-3+2=0$ だから，答えや！

で終わる生徒が多くいる．中には $x=2$ も見つける生徒がいる.

> $x=2$ も答えやで

> 他にもあるんちゃうん？

4. 算数から数学への道

> 先生，答えは何個あるん？

といった議論がなされる．もちろん，先生は

> 知らん！　答えの個数を言ったら意味ないわ！
> 自分で考えなさい

と答える．

> x が負だったら，$x^2 - 3x + 2$ は正やから，答えに
> ならんで！　だって 0 にならんもん

と気づく生徒もいる．

> $x = 3$ だったら，$3^2 - 3 \times 3 = 0$ だから，答えにならん

> もっと大きかったら，もっと $x^2 - 3x + 2$ が大きいから，
> もう答えはないんちゃうか

だいたい，こんな感じになる．彼らの中で，分数や小数は答えの
候補になっていないのである．そんな彼らの先入観を正すために
先生は

> じゃあ，1.3は答えじゃないの？

とでも問いかける．

> 小数はズルいわ！

91

> でも，小数のところが $0.69-0.9$ になるから，2を足しても0にはならん．だって，0は整数やもん

と具体的に答えてくれる．さらに先生は，

> 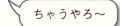 じゃあ，$x=\sqrt{3}$ は答えじゃないの？

ときく（平方根は教えていなくても，何となく知っている）．

> ちゃうやろ～

$$(\sqrt{3})^2 - 3\sqrt{3} + 2 = 5 - 3\sqrt{3}$$

> ほら，やっぱり，0にならんやん

となる．ここからが勝負．

> 本当に0にならないの？

> ……

驚くことに，生徒の中には「背理法」を聞いたことがある者もいる．A であることを証明するのに，

4. 算数から数学への道

「A でないとしたら，矛盾が起こる」

ことを確認して間接的に証明する方法である．0 になることを証明するために，

「0 でなかったら何が起こるか？」

と考える．

「何かおかしなことが起これ！」

と念じながら．

> もし 0 になったらどうなる？

> $\sqrt{3}$ の 3 倍が 5 だから……$\sqrt{3} = \dfrac{5}{3}$ になる

> へぇ〜，で？

> $\sqrt{3}$ は 2 乗したら 3 になる数字やで

> ってことは，$\dfrac{25}{9}$ が 3 になってまうやん

> やっぱりおかしかったやんか

93

> $5-3\sqrt{3}$ が 0 になるわけないし

> ホンマや，こんなの屁理屈や

とだいたいこんな感じに落ち着く．

これで「背理法」を教えたことにできて，彼らの頭のドコかに「背理法」が残るから，次に登場したときには「あぁ，あれね」とスムーズに話が進む．

授業を続けよう．

> これが，これからみんなが勉強する数学やねんな

> うわぁ～嫌や

> 数学，キライ

と言いながら，だいたい受け入れているのがスゴいところ．

> 終わった感じになっているけど，答えが何個あるのか，まだ分かっていないよ

> 数字は無数に存在するから，すべての数字を当てはめ続けても永久に終わらないよ

4. 算数から数学への道

この辺りで因数分解を教えてあげる.

> $x=1$ と $x=2$ で 0 になる式って分かる?

> 例えば, $x-1$ は $x=1$ で 0 になる式

> $(x-1)\times(x-3)$ も $x=1$ で 0 になる式だけど,
> $x=3$ でも 0 になる式になっているね

これくらいヒントがあれば気づく生徒が多い.

> $(x-1)\times(x-2)$ は $x=1$ でも $x=2$ でも 0 になるやん

> これと x^2-3x+2 は同じ式なんちゃうん?

ここを丁寧に確認しておくのは, 数学に慣れさせるために重要である. 文字式の法則に従って計算するという姿勢である.

> いちおう言っておこうかな, $(2+3)\times4$ は 20 だけど,
> $2\times4+3\times4$ と思っても 20 になる. どんな公式?

> $(2+3)\times4=2\times4+3\times4$

> 文字で書いたら $(a+b)c=ac+bc$. このときは
> "$\times$" の記号は省略しても良いというルール

> これを使ったらどうなる?

95

面倒臭がる生徒が多いが，ここは付き合ってもらう．

$$(x-1)(x-2) = x(x-2) - 1(x-2) = xx - 2x - \cdots\cdots$$

とやってしまうが，ここは一旦停止．

> $(a+b)c = ac + bc$ は OK やけど，$c(a+b)$ も
> 同じように計算して良いの？

> そんなん教えてないで！

> 2×3 も 3×2 も 6 やねんから，かける順番は
> どっちでも良いんちゃうん？

ここもジッと我慢．

> そうやで，だから $pq = qp$ という文字式の
> 計算ルールも使って良いことにするで

> いまからは！

> もう〜メンドクサイ

> 屁理屈ばっかり

> 誰をも納得させる屁理屈を作るのが数学やろ？

96

> あんたらが屁理屈を受け入れなかったら，日本から数学が消えてしまうやん！

> そうやな……しゃーないか

適度におだててあげるのは大事である．

$$(x-1)(x-2) = x^2 - 3x + 2$$

> やっぱり $x=1$ と $x=2$ だけやん！

急がば回れ．最初が肝心．そういった指導が A 中 1 年生を数学の世界にスムーズに導くことができる．

> 数学キライ……

> 何を言うてんねん！

> 当たり前を 1 回だけ確認しておいたら，後は自由に使って良いねんで！　最初だけ慎重に確認したら，絶対に間違えない計算になるんやで

> これほど自由な世界はないと思うで

A 中生相手であれば，ここからさらに話を展開していくこともできる．因数分解に慣れさせることも大事だが，式をイメージ化（図形化）することの方が重要である．

　ここで一気に 2 次関数の紹介までやってしまうのも面白い．

> $(x-1)(x-2)$ のことをもう少しだけ考えようか．

> $x=1$，2 でだけ 0 になるから，他の x では 0 にならない．つまり，正の数か負の数になる．

> $x<1$，$1<x<2$，$2<x$ のそれぞれでどうなるかな？

このように問うと，だいたいは

> $x=0$ では 2 だから正，ってことは $x<1$ で正

> 誰か 2 より大きいの調べてない？

> $x=100$ やったら明らかに正やで！　$x>2$ でも正やな

> ってことは，間は負やろ？

という感じになる．

　具体的に 1 つの x を代入して正負を調べるという"実験"だけで結論を出す生徒がとても多い．

98

「各範囲で正・負は決まっているはずだ」

という前提で考えているのである．

こういう思い込みが命取りになることも将来的には起こるから，しっかり式で確認して，グラフをイメージさせることが重要になる．

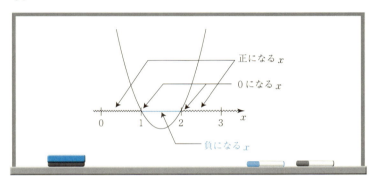

> こんなグラフを描いてみたけど，意味は分かる？

> 2次関数やろ？　放物線やん

> 左右対称になってるんちゃうん？

> xが1と2で0になってるから，真ん中は1.5やろ？ ここが真ん中になってるん？

> xが0と3だったら，両方とも2になるし

算数ちゃうねんから，実験だけで結論出したら
アカンで．左右対称になっていることをちゃんと
確認しようと思ったら，どうする？

文字でやるんやで！　それが数学やもん

1.5から左右に同じだけ離れたら，
同じ値になるはず

どうやって文字でやるん？

1.5 + a と1.5 - a でエエんちゃうん？

$x^2 - 3x + 2$ の x に当てはめるん？　メンドクサ〜

知ってるかも知れんけど，いちおう
公式を言っておくで

$$(a + b)^2 = a^2 + 2ab + b^2$$
$$(a - b)^2 = a^2 - 2ab + b^2$$

展開やろ？　知ってる！

100

4. 算数から数学への道

$x = 1.5 + a$ のとき

$$(1.5 + a)^2 - 3(1.5 + a) + 2$$
$$= 2.25 + 3a + a^2 - 4.5 - 3a + 2$$
$$= a^2 - 0.25$$

$x = 1.5 - a$ のとき

$$(1.5 - a)^2 - (1.5 - a) + 2$$
$$= 2.25 - 3a + a^2 - 4.5 + 3a + 2$$
$$= a^2 - 0.25$$

ホンマや！

ご苦労さん

けど，誰かが言ってたように，メンドクサイわぁ
何か工夫できんの？

$x^2 - 3x + 2$ は $(x-1)(x-2)$ ってできたから，
こっちの式で考えても良いんじゃない？

おぉ，天才や！　これやったら簡単！

101

$$\{(1.5+a)-1\}\{(1.5+a)-2\}=(a+0.5)(a-0.5)$$
$$\{(1.5-a)-1\}\{(1.5-a)-2\}=(-a+0.5)(-a-0.5)$$

ホンマや，$(-1)\times(-1)=1$ やから同じになってるわ！

さすが！　みんな天才やな！

ついでにもう1つ，公式を言っておくで．"和と差の積"って小学校のときの塾でもやったかも知れんけど，覚えてる？

$$(a+b)(a-b)=a^2-b^2$$

あぁ～

さっきの計算，どうなってる？

4. 算数から数学への道

$$(a+0.5)(a-0.5) = a^2 - 0.25$$

せこいな！　最初から教えてや！

みんな天才やから，気づくかと思っててん

ついでにもう1つ，
エエことを教えてあげるな

さっきは $x^2 - 3x + 2$ が $(x-1)(x-2)$ になるって
計算してんけど，もっと頑張ったら……

$$(x-1)(x-2)$$
$$= \{(x-1.5)+0.5\}\{(x-1.5)-0.5\}$$
$$= (x-1.5)^2 - 0.25$$

$(x-1)(x-2)$ の形にするのが "因数分解"，
$(x-1.5)^2 - 0.25$ の形にするのが？

"平方完成"

103

聞いたことある？

何となく……

平方完成しといたら，1.5で対称なのが
むっちゃハッキリするやろ？

やらんでも分かってると思うけど，いちおう
やっとくで．これが先生の仕事やから許してな

$x = 1.5 + a$ でも $x = 1.5 - a$ でも同じになるで！
見といてな

$$(+a)^2 - 0.25, \quad (-a)^2 - 0.25$$

おぉ～，一瞬や！

ついでにやるで

$(x-2)^2 - 3$ やったら，どんなグラフに
なりそうやろ？　描いてみて

4. 算数から数学への道

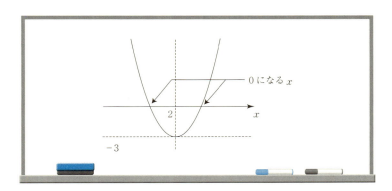

> 一番下のところを頂点って言うんやけど，ここの高さが -3 を表しているんやね

> で，数直線と交わっているところが……

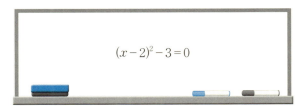

> つまり，$x^2 - 4x + 1 = 0$ の答えやで

> それを求めたかったら，因数分解したったらええんやろ？　先生のやること，分かってきたわ

> $x=1$ は……$1-4+1=2$ で，違う
> $x=0$ は……1 やから違う
> あら……見つからん

> 分数ちゃうん？

> ルートかも知れんで

> こんなん見つかるわけないやん

> あれちゃう，小学校の塾で言ってたわ．解の公式．
> $\dfrac{b+\sqrt{\cdots\cdots}}{a}$ ……アカン，分からん……

> $x=\dfrac{-b\pm\sqrt{b^2-4ac}}{2a}$ やで．これくらい覚えとかんと

> $a,\ b,\ c$ って何やねん？

> ……

> $ax^2+bx+c=0$ の答えが $x=\dfrac{-b\pm\sqrt{b^2-4ac}}{2a}$

> 覚えるならちゃんと覚えておかんとアカンで！

4. 算数から数学への道

$x^2 - 4x + 1 = 0$ やったら，$a = 1$, $b = -4$, $c = 1$

$$\frac{-(-4) \pm \sqrt{(-4)^2 - 4}}{2} = \frac{4 \pm \sqrt{12}}{2}$$

これが答えか
やっぱりルートが出てくるやん．分数やし

甘い！　実は，$\sqrt{12}$ は $\sqrt{3}$ の2倍やねん．
だから分数にはならんで

なんで2倍なん？

2乗したらエエんちゃう？

$$\left(\sqrt{12}\right)^2 = 12$$
$$\left(2\sqrt{3}\right)^2 = 4 \times 3 = 12$$

わぁ，ホンマや．一緒やわ

ってことは，解は……

$$\frac{4 \pm 2\sqrt{3}}{2} = 2 \pm \sqrt{3}$$

こんなん分からんわ．見つかるわけない

何を言ってんねん！　簡単な問題を勝手に
難しく解いたのはみんなやで！

もっと簡単に解けるのに

えぇ〜意味が分からん

そうや！　途中で教えてくれたらええのに
どうやってやるん？

みんな天才やねんから，気づくんちゃうかと
思っててんけど……

じゃあ教えてエエねんな，ホントにエエねんな
言うでぇ〜

4. 算数から数学への道

> ちょっと待ってや，もうちょっと

> ……

> 分かった！
> $(x-2)^2-3=0$ は $(x-2)^2=3$ ってことやから，
> $x-2$ は，2乗したら3になる数字

$$x-2=\sqrt{3} \quad \text{または} \quad x-2=-\sqrt{3}$$

> だから，±になってるんや！

> さすが天才！ そういうことやねんな

> 因数分解がパッと分からないときは，平方完成.
> 残った部分を反対に移動して，ルートを考えたら
> 答えが分かる

> それを機械作業にするのが？

> 解の公式！

> 忘れたら作ったらエエねんな！　余裕やわ

　　　　　　　　*　　　　　　　　　*

　長くなってしまった.

　公式を与えて使い方を練習する無味乾燥な授業も可能だが，それでは数学をやっている意味がない.

> 「論理的に正しい手続きを経由したら，誰でも自分の手で，
> 正しい世界を構築できる.」

その万能感が数学に魅了されるための第一歩だと思う.

　問題が解けるだけで，数学が好きでも何でもない生徒にはなって欲しくない. だから，少しでも心と頭を動かすことができる授業にしたいものだ.

　ただし，ここで挙げたような授業をすると，普通の中高生は頭が崩壊してしまう. 新しいことを学ばせるときには，できるだけシンプルに教えるのが鉄則である. まとめの回などでアクティブな授業を展開することは効果的だが，毎回をこのようにやっていては，知識が定着もしないし，大事なポイントが何なのかが伝わらない. Ａ校生相手でなければ成立しない.

　しかし，Ａ校生が相手の場合でも，その回の到達目標はしっかり決めておいて，どれだけ話が発散しても，その地点に着陸できるようファシリテートする必要がある. アクティブラーニングというのは非常に難しい. アクティブなだけ，形だけのグループ学

習なら簡単だが，効果のあるものにするためには，先生に新たな
スキルが求められる．

　言い方に注意が必要だが，Ａ校生の相手をすることは，先生の
研修にはもってこいだと思う．

　思いもよらぬ発想で先生を困らせ，みんな自分をアピールした
いから勝手にしゃべったり，興味がないとすぐにソッポを向いた
り．口が悪いし，怒られても5秒で忘れるし．「この先生の力量
はどんなものかな？」と試している感じもする．これらすべて悪
気なくやっているから，これまた質が悪い．

　中途半端だと，先生の方が心を病んでしまうかも知れない．

　高校生バージョンの授業も紹介したいが，内容的に煩雑になる
ので，避けておこう．

　授業論はこれくらいにして，代わりに，"算数の神"だったＡ校
生が意外と間違うパターンと，メンドクサガリが工夫の素になる
という話をしたい．

■Ａ校生でも思い込みで間違うことが……

　回転体というものがある．ある軸のまわりに図形を回転させて
できる立体である．無視できないほどの割合でＡ校生が誤認する
回転体を紹介しよう．

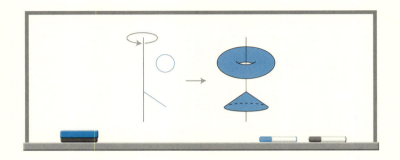

まずは回転体がどのようなものか，確認しておこう．

上は円を回転させて得られるドーナツ形（数学ではトーラスという）．下は線分を回転させて円錐になっている．ここで得られた図形は，曲面になっていて，中身は詰まっていない．円錐の方は，底面もないので，円錐の傘の部分だけである．

算数で登場する回転体として，次のものがある．

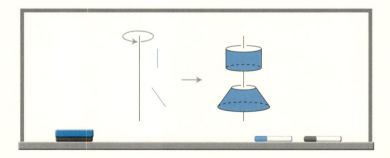

回転軸と同じ平面に含まれる線分を回転して，上下にフタをすることで得られる立体である．軸と平行な線分のときは円柱．そうでないときは，円錐台という図形である．円錐の上の方を切り取った図形と考えることができ，円錐の体積公式（底面積×高さ

÷3) を利用して体積を求めることができる.

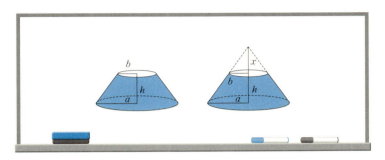

底面, 上面の半径を $a, b\,(a \geqq b)$ として, 高さを h とする. 上面の上に円錐をくっつけて, 全体が 1 つの円錐になるようにする. そのとき, くっつけた円錐の高さを x とする. すると, 相似だから,

$$a : b = h + x : x$$
$$ax = bh + bx \quad \therefore \quad x = \frac{bh}{a-b}$$

である. よって, 円錐台の体積は,

　　(全体の円錐) − (くっつけた円錐)

$$= \frac{1}{3} \cdot \pi a^2 \cdot (h+x) - \frac{1}{3} \cdot \pi b^2 \cdot x = \frac{\pi}{3}\left(a^2 h + \frac{a^2 bh}{a-b} - \frac{b^3 h}{a-b}\right)$$
$$= \frac{\pi h}{3}\left(a^2 + \frac{b(a^2-b^2)}{a-b}\right) = \frac{\pi h}{3}\left(a^2 + \frac{b(a+b)(a-b)}{a-b}\right)$$
$$= \frac{\pi h}{3}(a^2 + ab + b^2)$$

となる.

この公式で $b=a$ のとき,

$$（体積）= \frac{\pi h}{3}\left(a^2 + aa + a^2\right) = a^2 \pi h$$

となる. $b=0$ のとき,

$$（体積）= \frac{\pi h}{3}\left(a^2 + 0 + 0\right) = \frac{1}{3}a^2 \pi h$$

となる. これらは順に, 円柱の体積と円錐の体積を表している. いずれも, 底面の半径が a で高さが h である.

　図形的に見ても, $b=a$ であれば円柱であるし, $b=0$ であれば円錐である. このように, 図と式がつながり合っていて, 相互に影響を及ぼし合っていることをイメージできるのが大事なのだ.

　その際に,

・線分を回転させて得られるのは円錐台で, その体積は上下の半径と高さで求められる.

・円柱や円錐も, これの拡大解釈の範疇で考えられる

という風に理解するのである. しかし……

　算数であれば, 登場する図形の種類が限られている（それ以外の図形は取り扱い不可能だから登場しない）. だから, 先ほどの理解で問題ない. しかし, 学年があがると, もっと複雑な回転体も考えることになる.

　実は, 生徒が誤解しがちな

> 線分を回転させたら円錐台

というのは，間違いである．より正確に言うと，円錐台にならないこともある．円錐台になるのは，"回転軸と同じ平面内にある線分"の場合だけである．

では，そうでない場合（いわゆる"ねじれの位置"にあるとき）はどうなるのだろうか？

例えば，図のような状況である．

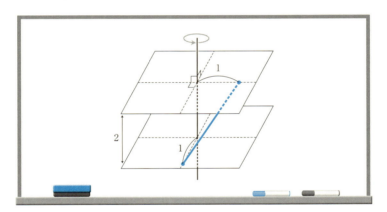

このねじれの位置にある線分を回転させて得られる立体は何だろうか？　意外なことに，これを円錐台で捉えようとする人が，A校生にも存在するのである．知っている範囲だけで考えようとする良くない傾向があるのだ．

> こうなって欲しい

という思いが強いからかも知れない．中学入試範囲での判断が異

様に速く正確にできるように，小学生のときの塾で徹底的に教え込まれているからかも知れない．

このような判断をしている生徒を見つけて，大人仕様になるよう矯正していくのも大事なのである．

実際，回転体がどうなるか，確認しておこう．

底面と上面が半径1の円になることはすぐに分かる．

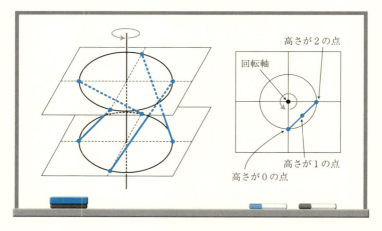

回転する前の線分を真上から見たら，右の図のようになる．

高さが0，2のところにある点は線分の端点で，回転軸からの距離が1である．だから，底面と上面が半径1の円になる．

高さが1のところにある点は，この線分の中点で，回転軸からの距離は $\dfrac{1}{\sqrt{2}}$ である．
回転体の高さ1のところは，

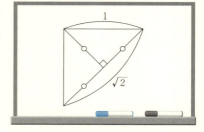

半径が $\dfrac{1}{\sqrt{2}}$ の円になる．

このように，真ん中が凹んだ立体になることは分かる．だから，

> 上面と底面が同じだから円柱だ

と考える A 校生はいない．

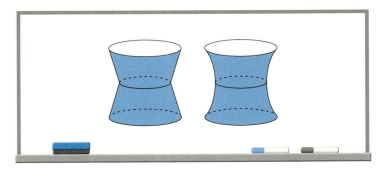

しかし，上図左側のような円錐台が 2 つくっついた図形と誤認する人は多い．と言うか，深く考えずに結論づけてしまうのである．

実際は，曲線を描く．いわゆる鼓形である．神戸市のランドマークであるポートタワーの形である（ご存知でない人は検索してください）．線分が回転して鼓形になることがよく分かる形状をしている．キッチリ証明するには，高さが x のところにある点と回転軸の距離を計算する．詳細は省略するが，それは $\sqrt{\dfrac{x^2-2x+2}{2}}$ となる．回転体の高さ x のところは，半径が $\sqrt{\dfrac{x^2-2x+2}{2}}$ の円になる．

$\sqrt{\dfrac{x^2-2x+2}{2}}$ の x に $x=0$, 1, 2 を代入してもらいたい. 先ほど確認した 1, $\dfrac{1}{\sqrt{2}}$, 1 になるはずである.

このような 2 次関数にルートが付いた式になってしまうから, 真っ直ぐな円錐台であるはずはない! 円錐台であれば, 先ほど紹介した体積の公式で計算できるが, この図形の場合は, "積分" を計算しないと体積が分からない.

円錐台と思って計算すると, 体積は $\dfrac{3+\sqrt{2}}{3}\pi$ となるが, 積分で正しく計算すると体積は $\dfrac{4}{3}\pi$ である(計算過程は省略). $\sqrt{2}=1.414$ ……であるから, 円錐台と思ってしまうと少し大きな値になっていることが分かる.

Ａ校生の指導経験が浅かった頃, 優秀な彼らの多くがこのように誤認してしまう理由が私にはサッパリ分からなかった. 理由を探るために彼らのルーツである中学入試の算数を研究する中で, 思い至った. 超難問に対応できる小学生を育てるために, 各塾は, 思考の範囲を限定させて中学入試だけで完結する解法理論を叩き込んでいるのである. それを活かしたまま大学受験, そしてその先の大人の数学に対応できるような指導が, Ａ校生指導で必須なのだと理解した.

同じような図形の誤認(厳密には, 深く考えないで結論づける)があるので, 紹介しておこう. やはり空間図形である. しかも, 円錐.

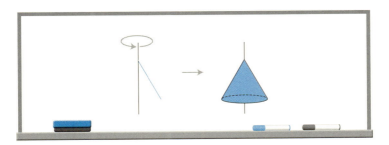

　回転軸にくっついた線分をまわして得られる図形である．円錐を様々な平面で切ると，断面に色々な曲線ができる．

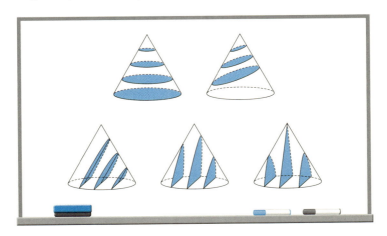

- 底面に平行な平面で切ると，円
- 少し傾いた平面で切ると，楕円
- 母線と平行な平面で切ると，放物線
- さらに傾いた平面で切ると，双曲線
- 底面と垂直な平面で切ると，双曲線だが，底面の中心を通るときだけ三角形

"円錐曲線"とも呼ばれるこの性質は，古代ギリシャ時代から研究されていた．これをウッカリ，深く考えずに判断すると，底面と垂直な平面で切るときに，常に断面が三角形と思い込むことがある．下図右側のように四角錐であれば断面は常に三角形となる．

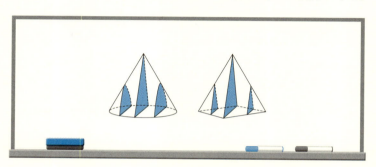

ちょっと考えれば分かることも，思い込みが働いていたら間違えてしまう．直感や空間把握能力に優れているように思えるA校生たちも，意外とこういうところで足下をすくわれる．もちろん，一度引っかかったら，次からは引っかからなくなるのが，彼らの賢いところ．そういうポイントを1つでも多く探しておき，大学入試当日に失敗しないように先回りして潰しておくのが塾の仕事になる．

もう1つ．塾では多様性に触れてもらうことも大事であると考えている．1つの問題に対して，種々のアプローチがあることを知ってもらう．そうすることで理解が深まり，数学を1つの枠組みで捉えられるようになる．あらゆる単元，解法は，"選択肢"になる．それが正しい判断への第一歩となる．

色々なアプローチを知れば知るほど，深い部分でつながってい

き，構造がシンプルになっていくのである．そうしていくと，ある解法は別の解法で代用できることを知ってしまい，その解法を封印してしまうことがある．普通の人が使えている当たり前の解法を完全に忘れてしまって，別の方法で解いてしまう．そういうケースを目の当たりにすることがある．最も印象に残っている例を挙げてみたい．

■一般人にとっての基本解法は不要なもの？

ここからは高校数学の話になる．公式の確認なども添えてはいくが，あまり数学に自信のない方は適当に読み流していただきたい．

「三角関数の合成」という基本的で重要な計算方法がある．これができない A 校生がいたことに驚いた．それがどういうことか，少しややこしくなるが説明してみたい．

途中からなぜかベクトルに……

○加法定理○

$$\sin(\alpha + \beta) = \sin \alpha \cos \beta + \cos \alpha \sin \beta$$

$$\sin(\alpha - \beta) = \sin \alpha \cos \beta - \cos \alpha \sin \beta$$

$$\cos(\alpha + \beta) = \cos \alpha \cos \beta - \sin \alpha \sin \beta$$

$$\cos(\alpha - \beta) = \cos \alpha \cos \beta + \sin \alpha \sin \beta$$

これを利用したら，

$$\sin(x+30°) = \sin x \cos 30° + \cos x \sin 30°$$
$$= \frac{\sqrt{3}}{2} \sin x + \frac{1}{2} \cos x$$

となる．

　三角比は，そもそも直角三角形の辺の長さの比として定義されるのであった．

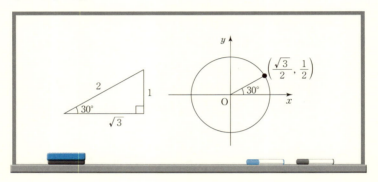

　しかし，これだけでは90°より大きい角度や負の角度での三角比が定義されない．だから，それを解消するために半径が1の円（単位円）を利用する．中心は原点である．

　円周上を反時計回りに30°回転した点をとると座標が $\left(\frac{\sqrt{3}}{2}, \frac{1}{2}\right)$ である．この座標を用いて三角関数を定義するのであった．x 座標が $\cos 30°$ で，y 座標が $\sin 30°$ である．

　さて，では，

$$\sqrt{3} \sin x + \cos x$$

という式が与えられたとしよう．見覚えはあるだろうか？

4. 算数から数学への道

　先ほど加法定理の計算例として挙げた $\sin(x + 30°)$ のちょうど 2 倍になっている．つまり，

$$\sqrt{3}\sin x + \cos x = 2\sin(x + 30°)$$

である．

　左辺と右辺では，どちらが処理しやすいだろうか？左辺は，角度は x でシンプルだが，$\sin$ と $\cos$ が混在していてややこしい．右辺は，角度は少し煩雑になっているが，1 つの $\sin$ の式で書けているから，扱いやすい．

　単位円上の点の座標であることから分かる通り，$\sin$ も $\cos$ も，-1 以上 1 以下の値をとる．では，$\sqrt{3}\sin x + \cos x$ の値は，目一杯大きくするといくらになるだろうか？　つまり，最大値はいくらだろう？

　$\sin = 1$，$\cos = 1$ のときに一番大きくなりそうだから，

　　　最大値は $\sqrt{3} + 1$

だろうか？

　実は，これは間違いである．

　$\sin x = 1$ となるのは $x = 90°$ のとき，$\cos x = 1$ となるのは $x = 0°$ のときである．1 つの角度 x で $\sin x = 1$ と $\cos x = 1$ が両立することはないから，どうやっても

$$\sqrt{3}\sin x + \cos x = \sqrt{3} + 1$$

となることはない．最大値はもっと小さい値になる．

123

それを考えるのに，$2\sin(x+30°)$ の形はどうだろうか？ $x+30°$ という変な角度になってはいるが，

$$x+30°=90°　つまり　x=60°$$

のとき，$\sin(x+30°)=1$ となる．これが sin の最大値である．

よって，

$$2\sin(x+30°) \text{ の最大値は } 2$$

である．

$\sqrt{3}\sin x+\cos x$ という形ではサッパリ分からなかったのに，式変形して $2\sin(x+30°)$ としておけばアッサリ分かってしまう．これが数学の面白いところである．

$\sqrt{3}\sin x+\cos x$ を $2\sin(x+30°)$ という 1 つの sin の形にする計算を "合成" という．三角関数の中でも 5 本の指に入る重要な計算である．

かつて，高 3 の A 校生で，合成ができない人がいた．さぼっているタイプではないから，こういう基本はシッカリ押さえていると思っていた．だから

ボク，合成はできないんです

と言われた時には驚いた．

　　　合成 "は" できないんです

がポイントであった．

4. 算数から数学への道

> 合成なんかしなくても，〇〇という計算でできるから，
> 不要じゃないですか!?

という意味だったのである．

こう言うと，数学に詳しい人は"コーシー・シュワルツの不等
式"を連想されていることだろう．しかし，それでは範囲がある
場合に処理できなくなるから，万能ではない．優秀な彼は，コー
シー・シュワルツの不等式の証明にも用いることができる"ベク
トルの内積"で処理していたのである．

三角関数の合成を扱うのは数学Ⅱで，ベクトルの内積が登場す
るのは数学Bである．きっと先に合成を習っていて，そのときに
はマスターしていたのだろう．しかし，ベクトルを習った段階で

> 合成が不要だ

と悟ったのだろう．学校か塾かどこかの先生が

> この内積を使ったら，合成は不要になるね

と言ったのかも知れない．本人が気づいた可能性も否定できない．

私はベクトルの授業で

> ベクトルは，幾何的センスがなくても，代数計算で
> 図形が処理できるようになる魔法の道具

と紹介している．特に内積については，

125

> 内積は，ベクトルでの余弦定理．
> 今後，余弦定理は不要になる

と大げさに言うことがある．

　原理的には不要になるが，実際問題，余弦定理を使う方がスムーズなことは多い．ベクトルの問題でも，初期段階で余弦定理を使って，その後は内積を使って計算することも，しばしば．

　まさか，私のリップサービスを真に受けたようなことを実行している生徒がいるとは！

　少しややこしくなるが，説明していく．サッと読み流して雰囲気だけ見ていただければ十分である．

○余弦定理○

　右の三角形 OAB において

$$c^2 = a^2 + b^2 - 2ab\cos\theta$$

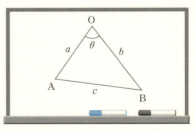

が成り立つ．

※辺の長さのおき方が通常と違うが，お許しを．

　余弦というのは cos のことである．

　余弦定理は，三角形で 3 辺の長さと 1 つの角度の関係を表す便利な公式である．

4. 算数から数学への道

○ベクトルの内積(1)○

右の三角形 OAB において，2つのベクトル $\overrightarrow{OA}$，$\overrightarrow{OB}$ の内積 $\overrightarrow{OA} \cdot \overrightarrow{OB}$ とは，

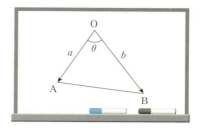

$$\overrightarrow{OA} \cdot \overrightarrow{OB} = ab \cos \theta$$

のことである．

余弦定理の最後の部分に登場した式である．

線分の長さは，

$$a = |\overrightarrow{OA}|, \ b = |\overrightarrow{OB}|, \ c = |\overrightarrow{AB}|$$

と表す．また，$\overrightarrow{AB} = \overrightarrow{OB} - \overrightarrow{OA}$ である．

よって，余弦定理は，ベクトルの式で

$$\left|\overrightarrow{OB} - \overrightarrow{OA}\right|^2 = \left|\overrightarrow{OA}\right|^2 + \left|\overrightarrow{OB}\right|^2 - 2\overrightarrow{OA} \cdot \overrightarrow{OB}$$

と書ける．この式の形は

$$(b - a)^2 = a^2 + b^2 - 2ab$$

という文字式の計算ソックリである．

内積は，本当はややこしい余弦定理の計算を，普通の文字式の計算と"見た目"が同じ計算に書き直すために作られたものである．そこに数学者の美意識を感じることができる．

「分かる人にとっては便利」

という，数学弱者を寄せ付けない上から目線の定義ではあるが，数学者にとって便利なものを開発するのは当然だろう．

さて，もう1つ．

○ベクトルの内積(2)○

右の三角形OABにおいて，2つのベクトル$\overrightarrow{OA}$，$\overrightarrow{OB}$の内積$\overrightarrow{OA}\cdot\overrightarrow{OB}$とは，

$$\overrightarrow{OA}\cdot\overrightarrow{OB} = xX + yY$$

のことである．

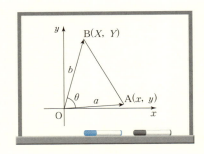

同じ内積という名前なのに，(1)と(2)では全く違う定義になっているように見える．もちろん，同じ名前で呼ぶということは，同じ値になるのである．確認してみよう．

三平方の定理（2点の距離公式）から，

$$a^2 = x^2 + y^2$$
$$b^2 = X^2 + Y^2$$
$$c^2 = (x - X)^2 + (y - Y)^2$$

である．c^2を計算すると

$$c^2 = (x^2 - 2xX + X^2) + (y^2 - 2yY + Y^2)$$
$$= (x^2 + y^2) + (X^2 + Y^2) - 2(xX + yY)$$

$$= a^2 + b^2 - 2(xX + yY)$$

となる．だから，

$$c^2 = a^2 + b^2 - 2ab\cos\theta$$

と見比べて

$$xX + yY = ab\cos\theta$$

となるのである．

よって，内積の定義(1)と(2)は一致する．

座標が分かっているときに内積の値を計算する場合は，(2)を利用する．座標の与えられていない図形問題の場合は(1)を利用する．

さて，ここからが本番である．しつこいようだが，細かい部分が不要な方は，さらっと読み流してもらえたら良い．もう少しで三角関数とベクトルがつながる瞬間がやってくるので，その雰囲気だけでも感じてもらいたい．

図のようにOA, OBとx軸のなす角をα, βとおく．すると，

$$x = a\cos\alpha, \ y = a\sin\alpha,$$
$$X = b\cos\beta, \ \ Y = b\sin\beta,$$
$$\theta = \beta - \alpha$$

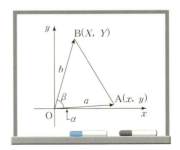

である．内積の定義から

$$\overrightarrow{\text{OA}} \cdot \overrightarrow{\text{OB}} = xX + yY = (a\cos\alpha)(b\cos\beta) + (a\sin\alpha)(b\sin\beta)$$

$$= ab(\cos\alpha\cos\beta + \sin\alpha\sin\beta)$$

である.

　ここで見覚えのある形が出てきた！

　少し前に登場した加法定理

$$\sin(\alpha+\beta) = \sin\alpha\cos\beta + \cos\alpha\sin\beta$$
$$\sin(\alpha-\beta) = \sin\alpha\cos\beta - \cos\alpha\sin\beta$$
$$\cos(\alpha+\beta) = \cos\alpha\cos\beta - \sin\alpha\sin\beta$$
$$\cos(\alpha-\beta) = \cos\alpha\cos\beta + \sin\alpha\sin\beta$$

である.

　関連するのは？

　もちろん，一番下の式である.

$$\cos\alpha\cos\beta + \sin\alpha\sin\beta = \cos(\beta-\alpha)$$

　これを当てはめると

$$\overrightarrow{OA}\cdot\overrightarrow{OB} = ab\cos(\beta-\alpha) = ab\cos\theta$$

である.

　先ほど余弦定理で説明したことが，加法定理でも説明できた.
余弦定理と加法定理は，実質的に同じものなのである.

　これで，

$$xX + yY = ab\cos\theta$$

となることが分かったのである．

　少しつながってきたことが分かるだろうか？　合成とベクトルの関係を深掘りしていこう．

　先ほど考えた $\sqrt{3}\sin x + \cos x$，どう捉えたら良いのだろう？

　合成では

$$\sqrt{3}\sin x + \cos x = 2\sin(x + 30°)$$

と変形した．

　内積では？

　順番を変えて

$$1 \cdot \cos x + \sqrt{3} \cdot \sin x$$

と書き換えておこう．

　図のように座標をとる．

　角度 x が変化すると，点 B は円周上を動く．

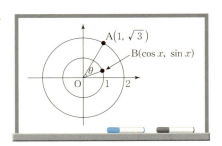

$$1 \cdot \cos x + \sqrt{3} \cdot \sin x = \overrightarrow{\mathrm{OA}} \cdot \overrightarrow{\mathrm{OB}} = ab\cos\theta$$

である．

$$a^2 = \cos^2 x + \sin^2 x = 1 \quad \therefore \quad a = 1$$
$$b^2 = 1 + 3 = 4 \quad \therefore \quad b = 2$$

より

$$1 \cdot \cos x + \sqrt{3} \cdot \sin x = 2 \cos \theta$$

である.

　点 B が円周上を動くと，それにともなって θ が変化する.

　そして，$\theta = 0$ となる位置（つまり，線分 OA 上に B がくるとき）で $\cos \theta = 1$ となって，このときに $2 \cos \theta$ は最大の 2 になる.

　もちろん，合成で考えた最大値と同じである.

　これが確認したいことであった.

　このようにして，重要解法の"合成"を無用の長物にしてしまうことができるのである.

　確かに，同じ問題を解くのに複数の解法があると，判断するのがメンドクサイ.しかし，合成は必要最低限の覚えておくべき解法リストに入れておくべきものである.

　例えば，円を少し変わった形で表現するときには，合成をしないと論証がやりにくい.実際には，複素数平面での回転（彼が受験生の時代では1次変換の回転行列）を使えば説明できなくはないが…….そこまでやるくらいなら合成を覚える方が手っとり早い.

　数学には，道具が多い.その整理ができるかどうかが，応用問題が解けるようになるための第一歩である.

　道具をできるだけ少なくして，工夫で難問に挑んでいくのは正しい姿勢である.全パターンを丸暗記，という姿勢よりはずっと良い.

132

しかし，道具の最小化が行き過ぎると，真剣勝負を挑む必要が
ない定石問題も，公式を作る感じで解かなければならなくなる．

それをどの辺りで折り合いをつけるかが重要で，塾での指導が
生きてくる部分ではないかと思う．

本気を出すべき部分だけで本気を出せば良い状態にすること
が，大学入試での安定的得点力のために重要なのだ．

しかし，Ａ校生は一般にこだわりが強いことが多い．

なかなか思い通りに矯正できないことばかりで，毎年，根気強
く説得している．最初に思いついた解法に固執して解き切れるま
で解法変更してくれない．簡単な解法を黒板で紹介していても，
自分のやりたい解法で勝手にやって，勝手に行き詰まって，

やっぱり無理やわ！

と突然つぶやく．

すぐれた直感で解法の金脈を探り当てることもしばしばあるか
ら，枠にはめすぎないことも大事ではある．塩梅が難しい．

そんな彼らの強い味方がある．算数を数学に変える道具である．

■ Ａ校生の味方

数字が並んだものを数列という．算数でも数学でも登場する．
まず，算数での数列の問題を紹介しよう．帯分数が登場する！

●問題9

次のように，ある規則にしたがって数が並んでいます.

$$1, 2, 1, 3, 1\frac{1}{2}, 1, 4, 2, 1\frac{1}{3}, 1, 5, 2\frac{1}{2}, 1\frac{2}{3}, 1\frac{1}{4}, 1,$$

$$6, 3, 2, 1\frac{1}{2}, 1\frac{1}{5}, 1, 7, 3\frac{1}{2}, 2\frac{1}{3}, \cdots\cdots$$

このとき，はじめから100番目の数は ① です．また，はじめから ② 番目に3回目の $2\frac{1}{3}$ が現れます．

帯分数のままでは"ある規則"というのがよく分からない.

$$1, 2, 1, 3, \frac{3}{2}, 1, 4, 2, \frac{4}{3}, 1, 5, \frac{5}{2}, \frac{5}{3}, \frac{5}{4}, 1,$$

$$6, 3, 2, \frac{3}{2}, \frac{6}{5}, 1, 7, \frac{7}{2}, \frac{7}{3}, \cdots\cdots$$

分子に5がある数字が3つ並んでいる．その前に5がある.

$$1, \frac{5}{1}, \frac{5}{2}, \frac{5}{3}, \frac{5}{4}, 1$$

と考えたら，その前の5にも意味がある．その前後に1があるが，これを $\frac{5}{5}$ と考えたら，さらに意味が見えてくる．どちらの1が $\frac{5}{5}$ だろう？　分母が1, 2, 3, 4と増えているから，後の1が $\frac{5}{5}$ である.

この基準で並びを解釈していこう.

$$\frac{1}{1}, \frac{2}{1}, \frac{2}{2}, \frac{3}{1}, \frac{3}{2}, \frac{3}{3}, \frac{4}{1}, \frac{4}{2}, \frac{4}{3}, \frac{4}{4}, \frac{5}{1}, \frac{5}{2}, \frac{5}{3}, \frac{5}{4}, \frac{5}{5},$$

$$\frac{6}{1}, \frac{6}{2}, \frac{6}{3}, \frac{6}{4}, \frac{6}{5}, \frac{6}{6}, \frac{7}{1}, \frac{7}{2}, \frac{7}{3}, \cdots\cdots$$

分子は,

1 が 1 個, 2 が 2 個, 3 が 3 個, 4 が 4 個, 5 が 5 個, ……

で, 分母は,

1, 1, 2, 1, 2, 3, 1, 2, 3, 4, 1, 2, 3, 4, 5, ……

となっている.

$$\frac{1}{1} \left| \frac{2}{1}, \frac{2}{2} \right| \frac{3}{1}, \frac{3}{2}, \frac{3}{3} \left| \frac{4}{1}, \frac{4}{2}, \frac{4}{3}, \frac{4}{4} \right| \frac{5}{1}, \frac{5}{2}, \frac{5}{3}, \frac{5}{4}, \frac{5}{5} \right|$$

$$\frac{6}{1}, \frac{6}{2}, \frac{6}{3}, \frac{6}{4}, \frac{6}{5}, \frac{6}{6} \left| \frac{7}{1}, \frac{7}{2}, \frac{7}{3}, \cdots\cdots \right.$$

とグループに分かれているのだ. n 個目のグループは分子が n で,
分母は 1, 2, ……, n と変化して, n 個の数字からなる.

各グループの最後には必ず 1 がある. 1 のある場所は

1 番目, 3 番目, 6 番目, 10 番目, 15 番目, 21 番目

である. 次の 1 はどこだろう?

1, 1+2, 1+2+3, 1+2+3+4, 1+2+3+4+5,

1+2+3+4+5+6

の次は

135

$$1+2+3+4+5+6+7=28番目$$

である.

〔解答〕

$$1+2+\cdots\cdots+(n-1)+n$$

がおよそ100になる n が答えのヒントになるはずである.この和は

$$n+(n-1)+\cdots\cdots+2+1$$

と逆に並べて,和をとることで計算できる.

$$\boxed{\begin{array}{c}1\\n\end{array}}\quad \boxed{\begin{array}{c}2\\(n-1)\end{array}}\quad \cdots\cdots \quad \boxed{\begin{array}{c}(n-1)\\2\end{array}}\quad \boxed{\begin{array}{c}n\\1\end{array}}$$

$$(n+1)+(n+1)+\cdots\cdots+(n+1)+(n+1)$$
$$=n(n+1)$$

よって,

$$1+2+\cdots\cdots+(n-1)+n=\frac{n(n+1)}{2}\ \cdots\cdots\ (*)$$

となる.$(*)$ がおよそ100になるのは

$$n(n+1)\fallingdotseq200\quad \therefore\quad n\fallingdotseq14$$

である.$n=14$ のときの $(*)$ は105で,$n=13$ のときの $(*)$ は91である.

よって,13個目のグループの最後が91番目である.100番目は

14個目のグループの 9 番目の数である．よって，100番目の数は

$$① = \frac{14}{9} = 1\frac{5}{9}$$

である．

次に，$2\frac{1}{3}$ について考える．

$$2\frac{1}{3} = \frac{7}{3} = \frac{14}{6} = \frac{21}{9} = \frac{28}{12} = \cdots\cdots$$

とたくさん出てくる．3回目は $\frac{21}{9}$ だから，21個目のグループの

9 番目の数である．（*）で $n = 20$ とすると210だから，20個目のグ

ループの最後の数がはじめから数えて210番目の数である．ここ

から 9 個うしろに $\frac{21}{9}$ があって，それははじめから数えて219番目

である．

よって，② = 219である．

*　　　　　　　　　*

これが算数での数列である．

たった24個しか並んでいないのに，それだけで"ある規則"を
「常識的」に推測させている．ここは空気を読んで

> 「n 個目のグループは分子が n で，分母は 1, 2, ……, n と
> 変化して，n 個の数字からなる」……（#）

が"ある規則"なのだと判断した．

問題文に(#)と書いてあれば解釈が分かれることはないが，書いてしまうと問題としての面白み（推測など）が無くなってしまう．ここが算数と数学の違いである．

数列で言うと，私が戸惑った例がある．この話を A 校生たちにすると，私と同じように考える生徒も少なからず存在する．あなたは，どっち派だろうか？

例）　あるルールで数が並んでいる．

　　　3, 1, 4, 1, 5, ☐

この ☐ に入る数字は？

この問題を出した人は，

> ☐に入るのは，もちろん 9 だ

> その次は 2 だね

と言っていた．

> あぁ，1 ね．その次は 6 でしょ

と思っていた私は，その人の

> 当然，分かっているよね

という感じに，どうしようもなく困惑していた．

138

どちらの考え方もお分かりになるだろうか？

私は

　　　偶数番目 = 1, 1, 1, ……
　　　奇数番目 = 3, 4, 5, ……

となっていることに注目していた．だから，

> □は 1 で，その次は 6 だ

と考えていた．式でいうと

$$(2m \text{ 番目}) = 1, \quad (2m - 1 \text{ 番目}) = m + 2$$

である．自信満々で

> 式でも答えられる！　むっちゃ簡単やん

と思っていたのだ．しかし，

> えっ？　□ = 9 で，その次は 2 ？

晴天の霹靂，意味不明である．出題者の口から

> もちろん円周率ね

$$\pi = 3.141592 \cdots\cdots$$

> あっ，確かに……

円周率なんて 3.14 までしか覚えていない私にとっては，これに

気づくのは困難であった．その出題者も，きっと100個目の数字は答えられないはずだ．

　私の考えた数列の方が，圧倒的に論理的だ！

　　　(100番目)＝1

である！

　問題は，出題者の考えが絶対だから，正解は「9」で間違いない．しかし，入試問題だったら，出題ミスに当たる．数列は，あの大学入試センターでさえ思い込みで出題ミスをした単元である．仕方ないか……

　　　　　　　　＊　　　　　　　　　　　＊

　この例でも分かる通り，有限個の数字を並べて，

　　　「ここからルールを読み取れ」

は問題として成立していない．

　"円周率の小数第5位以下切り捨てた数を考える"というルールも考えられなくはない．その場合は

　　　3, 1, 4, 1, 5, 0, 0, 0, 0, 0, ……

だ．それでも構わないはずだ．だから，□＝0を誤答とする合理的な理由はないのである．

　こういう屁理屈っぽいのはA校生の大好物である．いくらでも勝手なルールを作ってくれる．

4. 算数から数学への道

　算数の場合は，"空気"を読んで並びを把握しなければならない．算数のテストであれば彼らも"普通の子"のフリをしてくれるのだが……

　一方，数学では正確に表現する方法があるから，そういう可能性を排除するために，ルールをシッカリ表記する必要がある．

例）　数列

　　　$1, 3, 7, 15, \cdots\cdots$

で，n 番目に並ぶ数を a_n と表す（$a_1 = 1$，$a_2 = 3$ である）．

　実は，この数列は

　　　$a_{n+1} = 2a_n + 1 \quad (n = 1, 2, 3, \cdots\cdots)$

というルールで並んでいる．

　n 個目の数 a_n を n の式で表せ．

　　　1 を 2 倍して 1 を加えると 3，

　　　3 を 2 倍して 1 を加えると 7，……

というルールである．15 の次は

　　　$a_5 = 2a_4 + 1 = 2 \times 15 + 1 = 31$

である．

　数列の並びのルールを漸化式（ゼンカシキ）という．ゼンカシキ

141

$$a_{n+1} = 2a_n + 1 \quad (n = 1, 2, 3, \cdots\cdots)$$

から a_n を求める解法は有名なのだが，ここでは触れない．

A 中を受験する小学生なら，

$$1, 3, 7, 15, \cdots\cdots$$

をジッと眺め，数の変化を追いかける．

$$3 - 1 = 2$$
$$7 - 3 = 4$$
$$15 - 7 = 8$$

ここでもう確定する．次は16増えるはずで，$15 + 16 = 31$．確かに！

2倍2倍されていくのが大事な感じがするから，

$$2, 4, 8, 16, \cdots\cdots$$

と見比べると，1, 3, 7, 15はこれより 1 ずつ小さいことが分かる．

$$2, 4, 8, 16, \cdots\cdots$$

の n 番目は 2^n だから，1 を引いて

$$a_n = 2^n - 1 \quad (n = 1, 2, 3, \cdots\cdots)$$

である．

$$* \qquad\qquad *$$

実に算数的である．算数ではこれで満点であるが，数学ではそ

うはいかない．同じルールがずっと続く保証がないからだ．それ
を証明するのが数学である．

「同じ法則がずっと続くこと」を証明する画期的な証明法があっ
て，それが

"数学的帰納法"

である．

「帰納」は具体的な事実から，一般的な法則を導くこと．

数学的帰納法では，2つのステップを踏むだけで，一般的な命
題を証明できる証明方法である．重要な証明方法として，「背理
法」とツートップをなしている（背理法は，結論を否定すると矛
盾が起こることを確認して，結論が正しいことを間接的に証明す
る方法だった）．

数学的帰納法は，算数的な数列解法を「数学に格上げ」できる
証明法で，A校生は大好きである．ゼンカシキの解法を覚えるの
がメンドクサイから，法則から答えを予想して，予想が正しいこ
とを証明して終わらせる．

漸化式の解法を A 校生に覚えさせるのは，本当に至難の業で，
私にとっては永遠のテーマである．何度やっても定着しない．

あぁ～，あった，あった！
そんなやり方もあったな

"も"って，何やねん！！

> 覚えさせたいなら予想できない問題を出してや！

思い出すだけで頭が痛くなってくる……

　ちなみに，数学的帰納法の流れは以下の通りである．

$$a_1 = 1, \quad a_{n+1} = 2a_n + 1 \quad (n = 1, 2, 3, \cdots\cdots)$$

から定まる数列の n 番目が

$$a_n = 2^n - 1 \quad (n = 1, 2, 3, \cdots\cdots)$$

となることを示したい．

　以下の2つのステップを踏めば，すべての自然数について命題が成り立つことを証明できる．

〈1st step〉

　　$n = 1$ のときに成り立つことを確認する

〈2nd step〉

　　「$a_k = 2^k - 1$（$n = k$ での成立）が分かれば，次の数も

$$a_{k+1} = 2^{k+1} - 1 \quad (n = k + 1 \text{ での成立})$$

　　となることが分かる」ことを確認する

　〈2nd step〉は，

144

4. 算数から数学への道

$a_1 = 2^1 - 1$ が分かれば，$a_2 = 2^2 - 1$ が分かる

$a_2 = 2^2 - 1$ が分かれば，$a_3 = 2^3 - 1$ が分かる

$a_3 = 2^3 - 1$ が分かれば，$a_4 = 2^4 - 1$ が分かる

……

ということである．〈1st step〉で $a_1 = 2^1 - 1$ が成り立つことを確認しておけば，分かる，分かる，分かる，……が無限に繰り返されて，

$$a_1 = 2^1 - 1, a_2 = 2^2 - 1, a_3 = 2^3 - 1, a_4 = 2^4 - 1, ……$$

が無限に続くことが分かるのである．

＊　　　　　　　　　　＊

〈2nd step〉は，

$$2 \times (2^k - 1) + 1 = 2 \times 2^k - 2 + 1 = 2^{k+1} - 1$$

となることから，明らかである．

これで，$a_n = 2^n - 1$（$n = 1, 2, 3, ……$）となることが，確実に分かる．有無を言わさない方法である．

まさに A 校生の味方．

メンドクサイのは大嫌い．算数でやれたらラッキー．答えが先に分かるのが気持ちいい．

そんな A 校生には大歓迎される．しかし，習いたての A 校生は"帰納法病"に罹ることもある．帰納法で証明する必要がないものまで帰納法にしたり（その後，理系に進んだ A 校生は"数Ⅲ病"

145

に罹る．何でも微分・積分したくなるのが症状である……）．こういう病魔から A 校生を守ってあげるのも塾の大事な役割だと思っている．

同じような魔力をもった公式が，数学Ⅲの"はさみうちの原理"である（詳細は省略）．この 2 つは算数力がないと真の魅力が分からない．これらを使いこなせるようにさせるためには，ありがたみを理解させなければならない．それまでに数学的感受性をどれだけ開花させておくかにかかっている．スムーズに伝わるときは

> おっ！　ちゃんと成長している！
> よし，このペースで頑張ろう

となる．

＊　　　　　　　　＊

第 4 章では，算数エリートの A 校生が成長して数学エリートになっていく過程でのポイントをいくつか紹介した．後半は，具体的な内容を伝えるための予備知識が必要になって，数学の理論解説が多くなってしまった．雰囲気だけでも伝わっていたら幸いである．

第 5 章では，一般論ではなく，各論に迫っていきたい．個人が特定されないように配慮しつつ，こんな A 校生がいた，という紹介をしていく．ウソにならない範囲で，個人が特定されにくくする書き方をするが，ご容赦願いたい．

中身が子供の天才たち．自称小学10年生もいれば，幼稚園の年長[12]さん（年長長…長（長の12乗）である）もいる A 校生の，塾での生態を少しだけお見せする．

5.

私が出会った
愛すべき天才たち

5. 私が出会った愛すべき天才たち

　A校は自由な学校である．A校生らしさという不文律のもと，自由を謳歌している．とは言え，全国トップの進学校だから，学力によるヒエラルキーが存在しているように思う．塾に通っている生徒も多いし，複数の塾を掛け持ちしている生徒も多い．特待生のような制度がある塾もあって，1教科だけでもウチに来て欲しい，という各塾の思惑が見て取れる．

　私が教えている研伸館にもA校の生徒は多く通ってくれている．特待生のような制度はなく，基本的に特別扱いはしていない．他の生徒と同じく，塾のルールは守ってもらうし，授業料も同じである．

　ルールの1つに「食事室では，カップラーメンやカレーなど，臭いのキツいものは食べない」がある．

●屁理屈が多いねん！

　A校生は食事室が好きだ．食事をとりながら，友達と勉強していたりする（本来，食事室での長居・勉強は禁止なのだが……）．

> 食事室で勉強はアカンで

> 違いますよ，食事中です．食事中にスマホを触るよりも，勉強する方がエラいでしょ？

> ホンマやな……

> じゃあ食べ終わったら，早く自習室に行くんやで

こんな感じのやり取りが日々繰り返されている．本当に食事が終わったら自習室に行っているかは……

> あれっ，まだ居るやん？

> 違うんですよ，1回，食べ物を買いに行って，また戻ってきたんです．

> 長居の定義は，連続して席に居続けることですよね？

> ホンマに買いに行った？　証拠にレシート見せてや

> すいません，財布がパンパンにならないように，すぐ捨てる主義なんです．

> ホンマに買いに行ったやんなぁ〜？

> 行ってたよ

> 先生，生徒を信じてあげられへんの？

うわぁ〜ヒドい！　もうショックで塾に来られへんわ

もう，メンドクサ！

でも，そろそろ授業開始時間やから，移動やで

はーい

　事前に打合せもせず，みなさん，よく連携がとれているものだ.

　食事室での屁理屈の中に，特にヒドいものがある.　一人ではなく，複数人が同じことを言っているから，A校生御用達なのだろう.

　臭いがキツいものが禁止の研伸館の食事室.　カップラーメンは名指しで禁止されている.　見かけたら声をかけるようにしている.

カップラーメン，アカンやん

違います〜，カップそばだからセーフです〜

もう空じゃないですか，外で食べてカップだけ持ち込んでいるんです〜.　持ち込みも禁止なんですか？そうなら次から気をつけます

　これだけでもヒドい話だが，これはまだまだ序の口.

　カレーも臭いのキツいものの代表として，禁止されている.　若

者の食欲は押さえることができないらしく，

の2重でNGなものを食べていることがある．

これを注意すると，だいたいが次の反応だ．

> カレー，ダメ．カップラーメン，ダメ！
> 2重でアカンやんけ！

> 先生，知らないんですか，-1と-1を
> かけたら$+1$になるんですよ！
> だからカレーラーメンはプラスです．

> じゃあ，何で$(-1)\times(-1)=1$やねん？
> -1の定義から説明してや

（注）-1の定義は第4章を参照

> ……

> そもそも，何で積やねん！ ラーメンにカレーを
> 加えてるんやから，足さなアカンやろ！

> $(-1)+(-1)=-2$じゃ！

今日も研伸館S校の食事室では，新喜劇かのような決まったパターンが繰り返されている．

本当に周りに迷惑をかけるようなことはしないので，半分は大

目に見ているが，怒られると嬉しそうな彼らの心境は理解しかねる部分もある．

　こういうしょうもないやり取りが受験ストレスの発散に少しでも役に立ってくれているのではないか，と個人的には思っている．一方，生徒たちには

> 先生がやりたいからやってるんやろ？
> 僕らはそれに付き合ってあげてるだけやで

と言われそうな気がする．

　こんなことをやっているときでも反応の速さはさすがだな，と思う．

●反応の速さと言えば……

　Ａ校には様々なクラブ（サークル・同好会）が存在する．文化系も充実している．"能"などの古典文化，将棋，オセロ，レゴ，マジック，ディベートなど様々だ．数学，化学，地学，パソコンなどもある．中でもクイズは毎年テレビにも出ていて，目にすることが多い．これまでに何人もの"クイ同"の生徒に出会った．「浅く広く」がモットーとは言っていたが，知識の幅は広い．「コレは知らんだろう」と思って聞いても，だいたい答えてくれる．

> 天下五剣の１つとしても有名な三日月……

5. 私が出会った愛すべき天才たち

> ピンポーン，宗近

> 正解

> 作成年代が明確な印刷物として世界最古……

> ピンポーン，百萬塔陀羅尼

> 正解

　私が好きな古美術関係の問題を出しても，基本的な内容なら答えてくれる．日本史・世界史など暗記が必要な科目は本当に強い．

　理系は社会を後回しにする生徒が多いから，「勉強しなきゃ」と少しでも思わせるために授業内クイズ大会を行うが，なかなか社会の勉強はやってくれない．そんな中で特殊な例が一人いた．

　センター試験前日まで，世界史で50点ほどしか取れていない理系の生徒がいた．あまり勉強していなかったようだ．世界史で大きく失敗して"足切り"になって2次試験を受けられない可能性もあった．

　さすがにヤバい，となってセンター試験前日にチャチャっと勉強したそうだ．

　そうしたら，出るわ出るわ，前日にやったこと．あれよあれよと得点を積み上げて，何と，満点を取ってしまったそうだ！

　奇跡としか言いようがない．本人が一番驚いていた．

153

> オレ，やったらできるんですよ！

と調子に乗っていた顔がいまでも思い出される．

　こんなに効果が出るのが速いのは，本当に希有なことである．
良い子は決して参考にはしないでもらいたい．

　しかし，本気を出したときのA校生の集中力はスゴい，と改め
て実感した．

> 1週間で地理を終わらせた

と豪語している生徒はこれまでにもいたが，あながちウソではな
かったのかも知れない．

> 好きな教科の勉強と嫌いな教科の勉強をサンドにして，
> 気持ちが切れないように工夫した

という"ちゃんとした"勉強をしてくれている生徒がほとんどだ．
しかし，最後の詰め込みで爆発力を発揮してくれることも多々あ
るのである．

　これは小学生のときのA中受験の経験が大きいのだと思う．高
校受験や大学受験よりも，保護者や塾の管理が厳しいから，本当
にたくさん勉強をしている．そこでキャパシティーが広げられて
いるのだ．

　好きな勉強を優先させて，嫌いな勉強を後回しにする．そうい
う生徒が多いのはどこの高校でも同じだろう．

　しかし，A校には逆（？）も居る．

154

受験に関係ない勉強をやり続けるタイプだ.

●色んなものに興味をお持ちで……何でそんなのが好きなんだか……

　文系は数学Ⅲが受験で不要だ. 数学があまり得意でない生徒が文系に進むことが多い理由の1つかも知れない.

　しかし, A校では, 文系にも数学Ⅲを学ばせる学年がある. 高2の時である. 確かに, 文系も数学Ⅲを知っている方が有利になることはあるし, 大学で経済学部などに進むと数学Ⅲが必要になる.

　旧課程の数学C（行列と1次変換）を教える学年もある. これも大学での線形代数でやるし, 複素数平面の理解を深めるためにも, やっておいて損はない.

　学年によって別の学校であるかのようなA校, 指導内容は先生によって全く違う. それを見極めて, 塾での指導を考えないといけないから, 大変である.

　ごく稀にではあるが, 文系の生徒なのに, 塾で理系数学を受講する生徒がいる. 高3の最後まで受講し続けた生徒もいた. 趣味だそうだ. 理系に混じっても上位の成績を取り続けた彼は,

やりたいことが文系学部にあったから
文系受験をするだけ

と言っていた. 高2までは理系の理科も受講していたが, 高3はさすがに負担が大きいからやめたそうだ.

> 成績が落ちたら理系数学はやめよう

とは指導の一環で言っていたものの，社会でもしっかり好成績を
あげていたし，模試での判定も常に良かったから，

> もう好きにして

という感じだった．本番の東大入試では，当然，数学は満点だっ
たそうだ．そりゃそうでしょう．

　好きなように勉強して，希望を叶えてくれるのが一番良い．

　変わったことに興味をもって勉強している生徒は本当によく見
かける．スキさえあれば将棋の本を読んだり，詰め将棋アプリで
遊んでいるような生徒もいる．

　変わった勉強をしていると言えば，「ラテン語」を勉強してい
る生徒がいた．

　etc（エトセトラ・英語で and so on）が有名だが，数学の証明
の最後に書く Q.E.D. もそうである．

　　quod erat demonstrandum
　　（クォド エラト デーモーンストランドゥム）

を流暢に読んでくれた．日本語では「これが証明すべきことで
あった」と訳される．これは，古代ギリシャのユークリッド「原
論」でも頻繁に登場する．中 1 の幾何の話の際に登場した書物で
ある．

5. 私が出会った愛すべき天才たち

　こちらは古代ギリシャ語だから，元々はアルファベットではなく，ギリシャ文字で書かれている．

　　　α：アルファ，β：ベータ，γ：ガンマ

などである．π：パイやθ：シータもギリシャ文字であるし，数列の和で使うΣ：シグマは大文字である．小文字のシグマはσだ．

　変わった文字に興味をもつ生徒もいた．テストを行うと，氏名の欄に読めない文字が書かれている．

요시디노부오

𓏏𓂝𓊪𓏏𓏥𓆑

$\psi o \sigma \eta \iota \delta \alpha$

など……他には"くさび形文字"で書かれていたこともあった．

> 読めん！

と言おうものなら，

> こんなことをする人は限られているから分かる

> 消去法で特定できる

> 生徒CDは書いているから，ソコを見るべきだ

> 言語を指定していない先生が悪い

157

と総口撃をされてしまう．ちなみに，生徒 CD とは，塾生の識別のために一人一人に与えている数字のことだ．

　同じような感じで，文字にこだわる生徒はいる．学校での書道の授業の影響らしい……これもテストの氏名欄．

　隷書：お札に書かれた文字のフォント

吉田信夫

　草書：達筆のくずし文字

で書かれている．読めるけど…

　答案をすべて草書などのフォントで書く生徒もいた．

> 時間がかかって仕方がない

と言ってはいたが，大学受験もすべてそれで乗り切っていた．入試答案も行書体で書いたそうだ．

　楷書がカッチリした書体．

吉田信夫

行書は少しくずした書体である．

5. 私が出会った愛すべき天才たち

吉田信夫

　彼は，字がうまくてくずしているわけではなかった．形が気に入っていたようで，1文字ずつ丁寧にゆっくりトレースしながら書いていた．本当に時間がかかる作業だったようだ．しかも，濃い鉛筆で書いていたから，消しゴムで消すと答案用紙が大変なことになっていたのが思い出される．

　こだわりが異様に強い．

　文字の話になったので，ついでにもう1つ．

　Ａ校生には，ごく一部にすごくキレイな字を書く生徒がいる．速く書いてもキレイだ．書道やペン字などを習っていたのだろう．

　しかし，大半は，とにかく汚い．頭の回転に手の動きが追いつかないからだろうと，私は思っている．本当に読めない．

　頑張ってたしなめる．

> 答案は採点者に自分の優秀さを伝え，「貴校にふさわしい人材です」と自分をアピールするためのものだ

> だから，最低限，老眼の採点官でも読める字で書くことが必要だ

> 汚い字の人でも学力通りに合格する．よって，大学の先生は，けっこう頑張って解読してくれるようだ

> しかし，汚い字を読もうとすると，必要以上に
> 丁寧に答案をチェックされることになるから，
> 細かいミスが見つかるリスクが増す

と常々言い続けるが，あまり効果がない．テストの氏名欄に

と書いてあったときは笑った．これも，生徒 CD から特定してあげることが必要なのだそうだ．確かに生徒 CD は読めるレベルの字であった．

> そこまで考えて書いているの？

彼らの考えることは，どこまでが本当なのか，たまに分からなくなる．いや，たまに，ではないか……

　答案の中にも衝撃的な文字が踊ることがある．読めるだろうか？

① ∫　　② √

①が読めたときは嬉しかった．何と「∴」であった！

②は「π」かと思っていたが，文脈的におかしかった．文脈的に判断すると，衝撃的だが「$\sqrt{2}$」であった．「πと$\sqrt{2}$」似ているか……

5. 私が出会った愛すべき天才たち

こんな問題，クイズ王でも答えられないと私は思う．

しかし，授業中，生徒の頭の回転に合わせると，私の手の動き
も追いつかない．黒板に板書しながら，口でも説明する．黒板の
字は崩れてしまう．

> 読めません

> 何を言うてんねん！　口でも言っているやろ

> 文字じゃなくて，空気を読むねん

という言い訳をしてしまう．反省の毎日である．

数学の話から遠ざかってきたので，本書の趣旨に戻ろう．数学
面での面白いエピソードをいくつか触れて行こう．

●数学とＡ校生

Ａ校生と数学の親和性は高い．高度な質問をされることも多く，
もちろん即答できないこともある．

大学に合格した報告に来てくれる際，

> お世話になりました．お礼です

と言いながら，自作の問題を持ってきてくれる生徒も何人かいた．
"東大予想問題"とのことで6問も作ってくれたり，肝入りの1問
の場合もある．問題作りに不慣れなこともあって，解釈が分かれ

161

てしまうような書き方だったりすることもあるが，アイデアは鮮やかなもので，キラリと光る問題であることが多い．

合格体験記に自作の問題を載せている人も……

特に面白い質問をしてくれる生徒が何人かいた．その中で以下のようなものがあった．

●例題

コインを振る試行を繰り返し行う．ただし，1回目は1枚，2回目は2枚，3回目は3枚，………と，n回目（nは自然数）にはn枚のコインを振るものとする．

このとき，N回目までの各回で少なくとも1枚ずつは表が出る確率をP_Nとおき，

$$\kappa = \lim_{N \to \infty} P_N$$
$$= \left(1 - \frac{1}{2}\right)\left(1 - \frac{1}{2^2}\right)\left(1 - \frac{1}{2^3}\right)\left(1 - \frac{1}{2^4}\right)\cdots\cdots$$
$$= \prod_{n=1}^{\infty}\left(1 - \frac{1}{2^n}\right)$$

と定める．κは有理数か，無理数か？

（注1）　Π は積の記号（Σ の積バージョン）である．ギリシャ文字 π の大文字である．例えば，以下のようになる．

$$\prod_{k=1}^{n} 2 = 2^n, \quad \prod_{k=1}^{n} k = n!$$

（注2）　κ は考えるきっかけをくれた生徒の頭文字からとったも

ので，一般的な表記ではない．

こんな質問には，もちろん即答できない．色々と調べて整理すると，それなりの記事としてまとめることができた．それが現代数学社の雑誌「理系への数学」の2010年5，6，7月号に掲載された（この雑誌は現在は「現代数学」と名前を変えている）．

そして，この連載を編集したものが書籍化されている．

『具体例で親しむ　高校数学からの極限的数論入門』
（現代数学社・2012/7）

その「第1章：多角数と無限積」に掲載されているので，興味がある方はそちらを参照していただきたい．

答えは，無理数．追加で調べると，超越数であることも分かった．

こんな質問をされると，大変だが，新しいことを考えるキッカケになって楽しい．生徒に育ててもらっている感覚である．さらにスゴい無茶ブリをされたことがあるので，それも紹介しよう．

先生，この論文を解説してください

突然，彼は英語で書かれた論文を手渡してきた．たった4ページの短い論文だった．軽い気持ちで

エエよエエよ，見してごらん

と答えたのが始まりだった.

Newman's Short Proof of the Prime Number Theorem

> ん？　Prime Number Theorem（素数定理）？
> 証明はかなり大変だったはず……

> Short Proof（短い証明）？　どういうこっちゃ

　読み始めると，行間がどんどん飛ばされていて，すぐに解説するなど不可能なものだった．複素数の関数を微分したり積分したりする「複素解析」である．普段，高校数学にしか触れていない塾の先生に急にこれを持ってくる節操のなさ……ここから勉強のし直しが始まった．なんせ高校生に複素解析を教えなければならないのだから．

　素数定理というのは，「"素数の存在確率"がだいたい分かる」という衝撃的な公式で，簡単にいうと，「十分大きい実数 x に対して,

$$(x \text{ 以下の素数の個数}) \fallingdotseq \frac{x}{\log x}$$

となる」というものである．正しくは極限を用いて表現される．

　論文は，1980年の Newman の論文をもとに，1997年に Zagier が発表したものだった．素数定理が証明されたのは1896年で，Zagier の論文は素数定理生誕100周年記念の作品だったようで，"Dedicated to the Prime Number Theorem on the ocasion of its

5. 私が出会った愛すべき天才たち

100th birthday"とあった.

　論文の内容を追いかけるために必要な事柄を整理し，その元になる理論もまとめ，書かれた内容の解説も加えて行くと，200ページほどになった．これも，書籍としてまとめることになった.

　　　『複素解析の神秘性
　　　　　〜複素数で素数定理を証明しよう！〜』
　　　（現代数学社・2011/10）

である．興味がある方はそちらを参照していただきたい．生徒からの無茶ブリほど私を成長させてくれたものはない.

　特殊な例を2つ挙げたが，日々，戦いである．「理系への数学・現代数学」や「大学への数学（東京出版）」といった雑誌に掲載された記事のアイデアになって世に出ているものもある．有り難いことである．それが生徒の思い出にもなってくれていたら，これほどの幸せはない.

　出版されている書籍は，大学合格の報告に来てくれた生徒にプレゼントするようにしている.

　　古本屋にもって行こうかな

と憎まれ口を叩きつつも，だいたい持って帰ってくれるので，これからも続けていこうと思っている.

　　サインしてあげようか

落書き扱いで価値が下がるんちゃうん？
古本屋に売るときに

　そんな会話がよくなされている．引っ越しする際の新幹線でで
も読んでくれているのだろうか．

　中には，私の本にある誤植を逐一報告してくれる生徒もいた．
勉強イベントで好成績をあげた生徒に本をプレゼントすることも
あるのだが，そのときに渡したものだった．ちゃんと読んでくれ
ているだけでなく，大人向けの難しい内容だったはずが，あっさ
り読みこなされていたのである．

　勉強イベントなどで優秀な成績だったら，賞品として私の本を
渡すことがある．過去最多は，合格報告時のものも合わせて4冊
である．その生徒は，合格体験記のプロフィール欄，好きな作家
のところに私の名前を書いてくれていた．粋なことをしてくれる
もんだ，と嬉しくなった．

補講1.

天才たちに受けの良い
大学入試問題

補講1. 天才たちに受けの良い大学入試問題

　本章では，授業で扱うと受けの良い大学入試問題をいくつか紹介する．難度は少し高くなる．数学が得意でない方は雰囲気だけでもお楽しみいただきたい．

　1つ目は図形．2003年の東大の問題である．

●問題1

円周率が3.05より大きいことを証明せよ．

　初めて見ると，

> えっ？　円周率って π＝3.1415 ……と
> 決まっているんじゃないの？

という感想をもつのではないだろうか？

　この問題はゆとり教育への痛烈な皮肉としてかなり有名な問題である．ゆとり教育で「円周率は3」とされているが，そうではないことを証明しなさい，というメッセージと捉えられたからだ．東大の真意がどうだったのか筆者は知らないが，少しは意識していたのだろう．

　さて，実際に解くためにはどうするだろうか？

　そもそも円周率 π とは？

(円周の長さ) = $2\pi \times$ (半径)

$2 \times$ (半径) は直径なので,

$\pi =$ (円周) $\div$ (直径)

で，円周と直径の比を表している．この π を用いて

(円の面積) $= \pi \times$ (半径)^2

となることは知られているが，これは，極限や積分を利用して証明しなければならないものである．このように，円周率を真正面から捉えると，「円周と直径の比」となる．

実際に問題を解くとなると，円に近い図形を連想することになる．もっとも思いつきやすいのは，正 n 角形を利用する解法だろう．

面積を利用することもあるが，円"周"率を考えるので，円周の長さを利用する方が良いだろう．

2 点を結ぶ線分は，2 点をつなぐ曲線の中で最短のものである．これがユークリッド幾何学の前提になっている．

だから，例えば，円に正方形（正 4 角形）を内接させると，周の長さは円周の長さよりも短くなる．半径が 1 のとき，正方形の 1 辺の長さは $\sqrt{2}$ である．よって

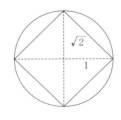

$$2\pi > 4\sqrt{2}$$
$$\therefore \quad \pi > 2\sqrt{2} = 2 \cdot 1.4142 \cdots\cdots = 2.8284 \cdots\cdots$$

しかし，これでは円周率が3.05より大きいことは示されない．正方形では，円と違い過ぎるため，誤差が大きいのである．

では，正六角形ではどうなるだろうか？

正六角形は正三角形が6つ集まってできる図形である．1辺の長さが半径の1と等しいから，周の長さを利用すると

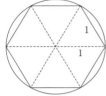

$$2\pi > 6 \quad \therefore \quad \pi > 3$$

という評価になる．

> 円周率を3とするということは，文部科学省は円と正六角形が同じと思っているんだ

などと言われたものである．

ということで，$n=6$では不十分である．もっと大きいnで考える．

正100角形のように円に十分近い図形を利用すれば，円周率にかなり近い値が現れる不等式を作ることができるはずだが，1辺の長さを表示することが難しくなる．

そのバランスをとると，$n=8$または$n=12$がちょうど良いことが分かる．$n=12$でやってみよう．図で描くと，それなりに円に近いことが分かる．

(解答)

正12角形は，頂角が30°の二等辺三角形が12個集まってできた

図形である．この二等辺三角形の底辺の長さは，頂角の半角が15°であるから，$2\sin 15°$である．正12角形の周と円周を比較して

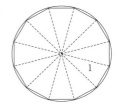

$$2\pi > 24\sin 15° \quad \therefore \quad \pi > 12\sin 15°$$

である．

ここで，加法定理

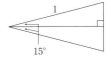

$$\sin(\alpha - \beta) = \sin\alpha\cos\beta - \cos\alpha\sin\beta$$

を用いる．

$$\sin 45° = \frac{1}{\sqrt{2}}, \ \cos 45° = \frac{1}{\sqrt{2}}, \ \sin 30° = \frac{1}{2},$$
$$\cos 30° = \frac{\sqrt{3}}{2}$$

より，

$$\sin 15° = \sin(45° - 30°) = \frac{1}{\sqrt{2}} \cdot \frac{\sqrt{3}}{2} - \frac{1}{\sqrt{2}} \cdot \frac{1}{2}$$
$$= \frac{\sqrt{2}(\sqrt{3} - 1)}{4}$$

である．よって，

$$\pi > 12 \cdot \frac{\sqrt{2}(\sqrt{3} - 1)}{4} = 3\sqrt{2}(\sqrt{3} - 1) > 3 \cdot 1.41 \cdot (1.73 - 1)$$
$$= 3.0879$$

が成り立つ．これで $\pi > 3.05$ を示すことができた．

*　　　　　　　　　　*

これはこれで十分な思考が必要になるし，円周率の定義を思い出すなどの真の数学力が必要な良い解法である．

　実は，この問題，中学生でも分かる解法があるので紹介したい．こういう解法は A 校生の受けが良い．授業形式でやってみよう．

唐突に半径が17の円を描くで．四分の一だけ

えっ？　何で??

すぐに分かるから！

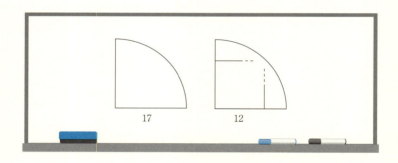

ここに 1 辺が12の正方形を置くと，右上の頂点は円の中？　外？

対角線の 2 乗が$12^2 + 12^2 = 144 \times 2 = 288$で……

半径の 2 乗が$17^2 = 289$やから……

補講 1. 天才たちに受けの良い大学入試問題

> おっ！ 微妙に半径の方が大きい！
> 中に入るみたいやな！

> そうやな！

> だから，折れ線でつないだら，弧の長さよりも？

> 短い！

$$(\text{弧の長さ}) = 2\pi \cdot 17 \div 4 = \frac{17}{2}\pi$$

> 折れ線は？
> 見たことある形になってへん？

> あっ，ここ13になる．
> 5，12，13の直角三角形になっとる！

$$5^2 + 12^2 = 25 + 144 = 169 = 13^2$$

173

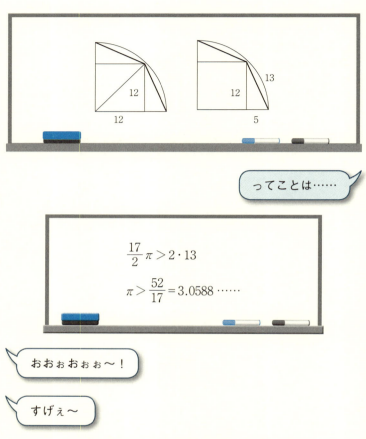

という感じで，好反応が得られる．高度な公式などを使う解法よりも，初等的で工夫した解法の方がお好きなようだ．算数の賜物である．

では，次にいってみよう．

図形と並んで，算数の延長線上にあるのが整数問題．実験で構造を理解して，そこに潜む法則を探り当てる．そういう要素があ

補講1．天才たちに受けの良い大学入試問題

る問題も得意だし，反応が良い．世の中では難問とされる類の問題の方が，彼らにとっては易しいのである．

> 自明やん！

という彼らのしたり顔が目に浮かぶ．

> 「自明」は出題者に失礼やから頑張って説明を書きなさい！

とたしなめるのが大変である．

そんな整数の問題を2つ紹介しよう．

1つ目は2015年の東大の問題である．

●問題2

m を2015以下の正の整数とする．${}_{2015}\mathrm{C}_m$ が偶数となる最小の m を求めよ．

Cはコンビネーション（組合せ）である．第2章の問題8の解説でも登場した．定義を確認しておこう．

例えば，${}_6\mathrm{C}_3$は異なる6個のもの（1，2，3，4，5，6）から3個を選ぶ方法の個数である．つまり，

$$[1,\,2,\,3] \quad\quad [1,\,2,\,4] \quad\quad [1,\,2,\,5] \quad\quad [1,\,2,\,6] \quad\quad \cdots\cdots$$

などが全部で何通りあるかを考えたいのである．

いったん，「選ぶ」ではなくて，6個を□□□に「並べる」方法

175

を考えよう．左端への入れ方が6通り，残り5個のどれかを真ん中に入れて，さらに残っている4個のどれかを右端に入れる．つまり，

$$6 \times 5 \times 4 = 120 通り$$

である．選び方 [1, 2, 3] に対応する並べ方は

　　1, 2, 3　　　1, 3, 2　　　2, 1, 3　　　2, 3, 1
　　3, 1, 2　　　3, 2, 1

の6通りである．この6は

$$3 \times 2 \times 1 = 6 通り$$

である．よって，120を6で割ると，選び方の個数になる．

$$_6C_3 = \frac{6 \cdot 5 \cdot 4}{1 \cdot 2 \cdot 3}$$

となる．分子は⑥から順に3つの積，分母は1から3の積である．

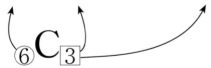

さて，本題に移ろう．

$m = 1, 2, 3, \ldots, 2015$ の2015個の整数すべてについて $_{2015}C_m$ が偶数となるかどうかを調べることができれば，解決する．

エクセルを用いれば簡単に解決しそうである．組合せの値はか

補講1．天才たちに受けの良い大学入試問題

なり大きくなるから，数値そのものを出力するのではなく，「組合せの数値を2で割った余り」を出力するようにして探せば良いだろう．

しかし，試験会場にパソコンの持ち込みはできない．「手計算で調べる方法を考えよ」というのが東大からのメッセージである．

こういうときは実験に限る．

東大の問題なので，それなりに難しいはず．すぐに偶数が現れると期待はしないこと．

$$_{2015}C_1 = \frac{2015}{1} = 2015$$

$$_{2015}C_2 = \frac{2015 \cdot 2014}{1 \cdot 2} = 2015 \cdot 1007$$

$$_{2015}C_3 = \frac{2015 \cdot 2014 \cdot 2013}{1 \cdot 2 \cdot 3} = 2015 \cdot 1007 \cdot 671$$

$$_{2015}C_4 = \frac{2015 \cdot 2014 \cdot 2013 \cdot 2012}{1 \cdot 2 \cdot 3 \cdot 4} = 2015 \cdot 1007 \cdot 671 \cdot 503$$

$$_{2015}C_5 = \frac{2015 \cdot 2014 \cdot 2013 \cdot 2012 \cdot 2011}{1 \cdot 2 \cdot 3 \cdot 4 \cdot 5}$$

$$= 403 \cdot 1007 \cdot 671 \cdot 503 \cdot 2011$$

すべて奇数である．そうなることは分かっていた．少し分析しよう．

● $m = 1$ のとき，分母も分子も奇数だから，組合せも奇数である．

● $m = 2$ のとき，$m = 1$ の分子に2014が，分母に2がかかってい

177

るが，　分子が 4 の倍数でないから，約分されて奇数になる．

● $m=3$ のとき，$m=2$ の分子に2013が，分母に 3 がかかってい
るが，　両方とも奇数なので，偶数になるはずがない．

● $m=4$ のとき，$m=3$ の分子に2012が，分母に 4 がかかってい
るが，　分子が 8 の倍数でないから，約分されて奇数になる．

すぐに分かること：

● $m=2k+1$ のとき，$m=2k$ の分母と分子の両方に奇数がかかる
ことになる．$m=2k$ のときが偶数なら偶数になるし，奇数なら
奇数になる．
　⇒ $_{2015}\mathrm{C}_m$ が初めて偶数になる m を考えるのに，m が奇数の場合
　　を考える必要はない！

● $m=2k$ のとき，$m=2k-1$ の分母と分子の両方に偶数がかかる
ことになる．$m=2k-1$ のときが奇数でも，分子の方が 2 の個
数が多いなら $_{2015}\mathrm{C}_m$ は偶数になる．そうでないなら，$m=2k$ で
も奇数である．このとき，分母にかかる偶数は m で，分子は
$2016-m$ である（$m=2$ のとき2014，$m=4$ のとき2012，……）．

178

m	2	4	6	8	10	12	14	16
分母	2	4	6	8	10	12	14	16
2の数	1	2	1	3	1	2	1	4
分子	2014	2012	2010	2008	2006	2004	2002	2000
2の数	1	2	1	3	1	2	1	4

※「2の数」は分母，分子にかかる偶数に含まれる2の個数である．

2の数が分母と分子で等しくなっているから，$_{2015}\mathrm{C}_m$ が偶数にならないのである．ということは，

$$(m \text{ に含まれる 2 の個数}) < (2016 - m \text{ に含まれる 2 の個数})$$

となる最小の m を求める問題であることが分かる．

（解答）

$$_{2015}\mathrm{C}_m = {}_{2015}\mathrm{C}_{m-1} \cdot \frac{2016 - m}{m}$$

である．$_{2015}\mathrm{C}_1 = 2015$ が奇数だから，$\dfrac{2016 - m}{m}$ で「分子に含まれる2の個数」が「分母の2の個数」より大きくなる最小の m を求めれば良い．それは偶数である．

分母の $m = 2,\ 4,\ 6,\ 8,\ 10,\ 12,\ 14,\ 16,\ \cdots\cdots$ で，2の個数は

$$1,\ 2,\ 1,\ 3,\ 1,\ 2,\ 1,\ 4,\ \cdots\cdots$$

である．個数が初めて5になるのは $m = 32$ で，$m = 18,\ 20,\ \cdots\cdots,\ 32$ での2の個数は

179

$$1,\ 2,\ 1,\ 3,\ 1,\ 2,\ 1,\ 5$$

である.

分子の$2016-m=2014,\ 2012,\ 2010,\ 2008,\ 2006,\ 2004,\ 2002,$
$2000\cdots\cdots$で, 2の個数は

$$1,\ 2,\ 1,\ 3,\ 1,\ 2,\ 1,\ 4,\ \cdots\cdots$$

である. $m=18,\ 20,\ \cdots\cdots,\ 30$での$2016-m$に含まれる2の個数は,
mと同じく$1,\ 2,\ 1,\ 3,\ 1,\ 2,\ 1$であるが, $m=32$では

$$2016-32=1984=64\times31$$

で, 2が6個含まれる.

$\dfrac{2016-m}{m}$で「分子に含まれる2の個数」が「分母の2の個数」
より大きくなる最小のmは32であるから, 求めるmは$m=32$で
ある.

＊　　　　　　　　　　＊

面白い構造であった.

この構造を発見したときの喜びは大きい. 大学入試数学の問題
は定石に当てはめて解くものが圧倒的に多いが, このような発見
的解法が必要になる問題も少数だけ存在する. やはり, こういう
問題の方が断然面白い！

実際に解く際は, 解答ほどスムーズには行かない. さすがに奇
数が不適であることには気づくだろうが, 偶数を順に16個調べて

補講1. 天才たちに受けの良い大学入試問題

発見できた人も多いかも知れない.

　さらに，勘がよい人は，「二進法」というキーワードが頭をよぎる．当時高2を担当されていたA校の先生も，同じように「二進法」を考えられたようで，私が授業で説明したら

> それ，学校でもやった〜
> 盗作ちゃうん！

と言われたものだ．こういうことが多くて，授業の予定が狂うことも多い……

　せっかくなので，「二進法」での捉え方を確認してみよう．まずは「二進法」の確認から.

　2015は「十進法」で書かれている.

$$2 \times 10^3 + 0 \times 10^2 + 1 \times 10 + 5 \times 1$$

である．1000, 100, 10, 1 の位の数が順に 2, 0, 1, 5である．各位の数は 0, 1, 2, 3, 4, 5, 6, 7, 8, 9 が入りうる．ただし，最高位の数は 0 以外である.

　二進法では，

$$1, 2, 4, 8, 16, 32, 64, 128, 256, 512, 1024, 2048, \cdots\cdots$$

の位の数を考えることになる．各位の数は0, 1だけになる．二進法で

10001101

181

と表される数は，下から順に

1 の位が 1，2 の位が 0，2^2 の位が 1，2^3 の位が 1，

2^4 の位が 0，2^5 の位が 0，2^6 の位が 0，2^7 の位が 1

であるから，十進法で

$$128 + 8 + 4 + 1 = 141$$

を表している．

　そして，問題に出てきた数 2015 を二進法で表すとどうなるだろうか？

$$1024 < 2015 < 2048$$

だから，$1024 = 2^{10}$ の位が 1 で，これが最高位である．

$$2015 = 1024 + 991$$

と変形しておく．そして，

$$512 < 991 < 1024$$

だから，$512 = 2^9$ の位も 1 である．これを繰り返すことで，

$$2015 = 1024 + 512 + 256 + 128 + 64 + 31$$

となる．$32 = 2^5$ の位は 0 で，

$$2015 = 1024 + 512 + 256 + 128 + 64 + 16 + 8 + 4 + 2 + 1$$

補講1．天才たちに受けの良い大学入試問題

$$= 11111011111_{(2)}$$

となる．小さく(2)を付けることで二進法表記であることをアピールしている．同様に十進法では$2015_{(10)}$と表記する方が正確であるが，通常，小さい(10)を書かない．

2015に1を加えた2016はどうなるだろう？　二進法での足し算は，どんどん繰り上がるから注意が必要である．$1+1=2$を二進法で書いた

$$1_{(2)} + 1_{(2)} = 10_{(2)}$$

を踏まえて計算すると

$$11111011111_{(2)} + 1_{(2)} = 11111100000_{(2)}$$

である．

1〜16の位まで0が続くから，2016は32の倍数である．しかし，64の倍数ではない．

ゆえに，

$$2016 - 32 = 11111100000_{(2)} - 100000_{(2)}$$
$$= 11111000000_{(2)}$$

は1〜32の位まで0が続くから，64の倍数である．

一方で$m = 32$は64の倍数でないから，$m = 32$のとき，$\dfrac{2016 - m}{m}$で「分子に含まれる2の個数」が「分母の2の個数」より大きくなる．

183

このように見ると，$m = 32$が答えになった理由がより鮮明になる．

気づかないと解けないわけではないが，気づくと答えに納得がいき，この問題の世界を制覇できた気分になるのが爽快である．

お前のことを丸裸にしてやったぜ

という感覚であるが，あまりこれを授業で言うと，大喜びされるので注意が必要である．

気持ち悪ぅ〜

数学が恋人ちゃうん？

恋人を授業で裸にするとか卑猥やわ

あぁメンドクサイ．

次，いってみよう．

2017年の京大の問題である．文系の問題であるが，(2)は「この年の京大の問題の中で一番難しい」と話題になった．

しかし……

A校の生徒には

これが一番簡単やん

と言われてしまった．

「分かれば自明」の典型である．

補講 1．天才たちに受けの良い大学入試問題

●問題 3

　次の問に答えよ．ただし，$0.3010 < \log_{10}2 < 0.3011$であることは用いてよい．

(1)　100桁以下の自然数で，2以外の素因数を持たないものの個数を求めよ．

(2)　100桁の自然数で，2と5以外の素因数を持たないものの個数を求めよ．

　log は対数である．$\log_{10}2$は

　　　10を何乗すると 2 になるか？

の答えである．

　　　$10^0 = 1,\ 10^1 = 10,\ 10^2 = 100,\ \cdots\cdots$

だから，もちろん，$\log_{10}2$は整数ではない．

　　　$2^{10} = 1024 > 1000 = 10^3$

であるから，

　　　$2 > 10^{\frac{3}{10}}$　　$\therefore$　$\log_{10}2 > 0.3$

である．この計算を精密化することで

　　　$0.3010 < \log_{10}2 < 0.3011$

185

となることが分かるのである．つまり，

$$10^{0.3010} < 2 < 10^{0.3011}$$

である．

　これを利用すると，例えば，2^{100}といった大きな数の概算ができる．

　100乗すると

$$10^{30.10} < 2^{100} < 10^{30.11}$$

である．

$$10^{30} = 10 \cdots\cdots 0 \ （0 が30個並ぶ）$$

は31桁の数であるから，2^{100}も31桁の数であることが分かる．

　この考え方は，対数の定石的な解法である．本問でもこの考え方を使うことになる．

　後で使うから，もう1つだけ確認しておく．

　$\log_{10}2 = a$，$\log_{10}5 = b$とおくと，対数の定義から

$$10^a = 2, \ 10^b = 5$$

である．$2 \times 5 = 10$であるから，面白い公式を作ることができる．

$$10^a \times 10^b = 10$$

左辺は10^{a+b}であるから，

補講１．天才たちに受けの良い大学入試問題

$a+b=1$　∴　$\log_{10}2+\log_{10}5=1$

である．$\log_{10}5=1-\log_{10}2$であるから，$0.3010<\log_{10}2<0.3011$より

$0.6989<\log_{10}5<0.6990$

である．

　では，100桁以下の数，100桁の数について考えていこう．

　100桁で最も小さいのは

$10\cdots\cdots0(\,0\,$が99個並ぶ$)=10^{99}$

で，最も大きいのは

$99\cdots\cdots9(\,9\,$が100個並ぶ$)=10\cdots\cdots0-1=10^{100}-1$

である．つまり，$10^{99}\leqq n<10^{100}$を満たすnが100桁の自然数nである．

　もう１つ，確認しておこう．問題文に

２以外の素因数を持たないもの　……　①

とあった．

２のみを素因数に持つもの　……　②

ではない．

$2,\ 4,\ 8,\ 16,\ 32,\ \cdots\cdots$

は適するが，気になる数がある．

1である．

2^0 と表すことができる 1 であるが，1 は素因数を持たない．「②を満たすか？」と問われたら，もちろん「No!」である．そもそも素因数を持たないのだから．

では，「①を満たすか？」と問われたらどうだろう？　そもそも素因数を持たないのだから，②以外の素因数も持っていない．よって，「Yes!」である．

ということで，1 が答えに含まれることを見落とさないように注意しておきたい．

（解答）

(1)　100桁以下というのは 10^{100} 未満ということである．

$$2^0,\ 2^1,\ 2^2,\ \cdots\cdots$$

で 10^{100} 未満であるものの個数を求める．つまり，$2^n < 10^{100}$ を満たす n を考える．

$$10^{0.3010} < 2 < 10^{0.3011} \quad \therefore \quad 10^{0.3010n} < 2^n < 10^{0.3011n}$$

である．

$$\frac{100}{0.3010} = 332.225\cdots\cdots < 333, \quad \frac{100}{0.3010} = 332.115\cdots\cdots > 332$$

$$\therefore \quad 0.3010 \times 333 > 100,\ 0.3011 \times 332 < 100$$

であるから，$n \leqq 332$ のとき，

補講1．天才たちに受けの良い大学入試問題

$$2^n < 10^{0.3011n} \leqq 10^{0.3011 \times 332} < 10^{100}$$

$n > 333$のとき，

$$2^n > 10^{0.3010n} > 10^{0.3010 \times 333} > 10^{100}$$

である．よって，$2^n < 10^{100}$を満たすのは

$$n = 0, 1, 2, \cdots\cdots, 331, 332$$

の333個である．

(2) 2と5以外の素因数を持たない自然数は，

$$1, 2, 4, 5, 8, 10, 16, 20, 25, 32, 40, 50, \cdots\cdots$$

である．両方を素因数にもつと10の倍数である．そのようなものは

$$10, 20, 40, 50, 80, 100, 160, \cdots\cdots$$

である．下2桁が00となる数もある．

$$100, 200, 400, 500, 800, 1000, 1600, \cdots\cdots$$

である．

よって，2と5以外の素因数を持たない自然数は，

1） 2^nであるか，その後に0が並ぶ数

2） 5^mであるか，その後に0が並ぶ数

189

であることが分かる．そんな中で100桁のものが何個あるかを数えるのが(2)の趣旨である．

1）は

　　1桁の 2^n の後に，　0が99個　…1, 2, 4, 8の4個

　　2桁の 2^n の後に，　0が98個　…16, 32, 64の3個

　　……

　　99桁の 2^n の後に，　0が1個　…何個あるかは不明

　　100桁の 2^n　…何個あるかは不明

と分類できる．

　　（1桁の 2^n の個数)+(2桁の 2^n の個数)+……

　　　+(99桁の 2^n の個数)+(100桁の 2^n の個数)

が1）の個数で，実は，これは(1)で考えた「100桁以下の 2^n の個数」そのものである．333個ある．

　2）も同様に考えることができる．「100桁以下の 5^m の個数」である．

$\log_{10}5 = 1 - \log_{10}2$ であるから，$0.3010 < \log_{10}2 < 0.3011$ より

　　$0.6989 < \log_{10}5 < 0.6990$

　　$10^{0.6989} < 5 < 10^{0.6990}$　∴　$10^{0.6989m} < 5^m < 10^{0.6990m}$

である．

　　$\dfrac{100}{0.6989} = 143.081\cdots\cdots < 144,\quad \dfrac{100}{0.6990} = 143.061\cdots\cdots > 143$

　∴　$0.6989 \times 144 > 100,\ 0.6990 \times 143 < 100$

補講1．天才たちに受けの良い大学入試問題

であるから，$m \leqq 143$ のとき，

$$5^m < 10^{0.6989m} \leqq 10^{0.6989 \times 143} < 10^{100}$$

$m > 144$ のとき，

$$5^m > 10^{0.6990m} > 10^{0.6990 \times 144} > 10^{100}$$

である．よって，$5^m < 10^{100}$ を満たすのは

$$m = 0, 1, 2, \cdots\cdots, 142, 143$$

の144個である．これが2）の個数である．

1）と2）を合わせて，

$$333 + 144 = 477$$

と答えたいところであるが，ここで一度立ち止まりたい．

場合分けに重複はないだろうか？

この問いかけを自分の頭の中でできるかどうかが分かれ目である．

$$10 \cdots\cdots 0 \ （0 \text{が} 99 \text{個}）$$

は「2^0 の後に0が99個」であり，「5^0 の後に0が99個」でもある．これだけが1）と2）の重複になっている．この分を調整して．

$$333 + 144 - 1 = 476 \text{個}$$

191

である.

*   *

　算数的な雰囲気のある問題であるから，A校生は得意である.
しかし，入試算数を経験していない人にとっては，かなりの難問
である.

　「誰も解けない問題が解ける」というのがA校生の強みである.

　一方，「誰でも解ける問題が，変に工夫してしまって，普通に
は解けない」ということが起こりえるのがA校生の弱みである.

> 普通の問題か？　普通の問題でないか？

> 普通に解くか？　工夫の余地はあるか？

> 思い込みはないか？　問題文を正確に読み取っているか？

といった問いかけを自分の頭の中でできるかどうか. こういうメ
タ認知的な部分を育てていくことが, A校生の算数力を数学で活
かすために最重要である.

　　　　先生が問いかけてくれるからできる
　　　　　⬇
　　　　先生が問いかけてくれるように自分の頭の中で問いかける
　　　　　⬇
　　　　自発的に問いかけができるようになる

補講 1．天才たちに受けの良い大学入試問題

最初に思いついた解法に固執することのないよう

「無効化」＝一旦，考えてきたことをなかったことにする

のスキルも身につけさせる必要がある．

　頭の回転が早く，想像力が豊かであるがゆえの悩みが尽きないのである．まだまだ彼らの思考を自在には操れないから，私にも成長の余地がたくさんある．まだまだ長い付き合いになりそうだ．私の精神力が続く限り．

Memo

補講2.

これからの数学

補講2. これからの数学

数学教育は大きな転換点にある.

多くの教育現場では解法のマスターが重視され，センター試験のような計算で答えを求める問題に対応できる人が数学のできる人であった．多くの大学の学力試験も同様である．一部の難関大学では趣向を凝らした思考・判断・表現力を要する問題が出題されてきたが，実際に合否を分けているのはいわゆる典型問題の出来であろう．

その場での対応力よりも，基本の定着度と応用の完成度が重視されていたのである．

全体として「定量的」な数学である.

数式化して計算で答えを求めるイメージである.

では，これからの数学はどうなっていくのだろうか？

キーワードは「定性的」である.

数式だけではなく，言葉や図・表で考える数学．数学的対象の性質に注目して，計算せずに結論を導くイメージである.

その流れは，数学Ⅰの「データの分析」に見られる.

データが与えられて，そこから読み取れるものを答える問題が，センター試験でも出題されている．かなり前から出題されているものとしては，必要十分条件のような「論理」に関する問題

補講２．これからの数学

も定性的と言えるかも知れない．

　この流れは，より顕著になっている．

　2017年に実施された「大学入学共通テスト」の試行調査（プレ
テスト）は，衝撃的な問題であった．計算要素はほとんどなく，
定性的な問題ばかりが並んでいた．

　2018年の１月に実施されたセンター試験も，これまでにない出
題がたくさんあった．

　これまでの穴埋め形式ではなく選択肢から選ぶ形式が増え，図
形問題では「判断」を問うものがあった．

　また，三角関数で「弧度法の定義」を問うものがあった．基本
中の基本的な内容ながら，正答率は高くなかったようだ．

　「問題至上主義」の悪影響で，「定義を知らないのに，問題集に
載っているタイプの問題だけは解ける」生徒がたくさん生まれて
いるのだろう．この現状に危機感をもって，教育の改革が行われ
ている．

　「弧度法の定義」の問題を挙げておく．

●問題

1 ラジアンとは，〔　　〕のことである．〔　　〕に当てはまるものを，次の⓪〜③のうちから一つ選べ．

⓪　半径が 1，面積が 1 の扇形の中心角の大きさ

①　半径が π，面積が 1 の扇形の中心角の大きさ

②　半径が 1，弧の長さが 1 の扇形の中心角の大きさ

③　半径が π，弧の長さが 1 の扇形の中心角の大きさ

数学Ⅱの三角関数では，角度を30°などと書かなくなる．ラジアンという新しい角度の測り方を利用する．これを弧度法という．

普通の「度」とラジアンの変換公式として「180°＝π（ラジアン）」を覚える．

ラジアンという単位は，通常表記しない．" ° "のマークがないときは「ラジアンだな」と見る．

これを基準に「360°＝2π」などが分かる．

では，30°は何πだろうか？

「180°を 6 等分している」と考えたら分かる．$\dfrac{\pi}{6}$である．

しかし，

> 1（ラジアン）は？

と急に問われると，困ってしまうのである．

「180°をπ等分…」と考えると意味が分からなくなる．

そもそも，なぜ「180°＝π（ラジアン）」なのだろうか？　そ

して，なぜ「弧度法」と呼ばれるのだろうか？

「弧の長さ」を用いて角度を測るから「弧度法」である．

半径が1の円において円周の長さは2πである．だから，「$360°=2\pi$」なのだ．$360°$に対する「弧の長さ」が2πである．

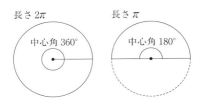

半円の弧の長さは，円周の半分だから，「$180°=\pi$」である．

中心角が$30°$の扇形の弧の長さが「$\dfrac{\pi}{6}$」である．だから，$30°$は$\dfrac{\pi}{6}$（ラジアン）となる．

「●ラジアンは，弧の長さが●の扇形の中心角」である．

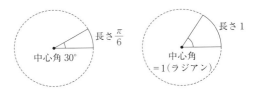

だから，「1ラジアンは，弧の長さが1の扇形の中心角」である．答えは②である．

本編でも登場した，三角関数の加法定理や合成などの高度な解法はマスターしていても，問題として問われたことがなかった

「ラジアンの定義」は抜けているのである．法則としてだけ覚えていて，定義を再現できないのである．

定義から公式を導いて，その先に結果として問題解法がある．本来は，そのような論理体系および構成方法を理解し，日常の問題でも論理的に問題解決する力を身につけるために数学を学んでいるはずである．

しかし，現実はパターンラーニングの権化として数学を捉えている人がほとんどである．その方が大学入試で高得点につながり，合理的であると誤解されている．

中高生が

数学なんて大人になって役に立つの？

という疑問を抱く気持ちもよく分かる．

本当にかわいそうで仕方ない．

今回の大学入試改革でどこまで教育の現状を変えていけるか，今後の日本の将来がかかっているように思う．

では，A校の生徒はどうだろう？

本文に書いてきた通り，未知の問題に立ち向かう力がとくに強い生徒たちである．

問題集に載っているタイプの問題も，まるで未知の問題であるかのように立ち向かう．

補講2．これからの数学

> お願いだから，普通のことが
> 普通にできるようになってくれ

と指導することもしばしば．

　それでも最終的にはだいたい何とかしてくれるのが彼らの優秀なところである．

　定性的な数学の感覚は，算数に近いものがある．

　だから，A校の生徒にとっては易しくて易しくて仕方ないようだ．今後，ますます有利になってくるだろう．

　しかも，そんなA校も変化しつつある．

　問題を見た瞬間に何かを感じ取って，神懸かり的に答えを導くような中学入試算数．

　2018年の1月，センター試験と同じ日に行われたA中入試には見たことのない問題があった．

　数列の問題だが，ちょっと変わったルールになっていた．

　そこにあった問題は，ある法則が成り立つ理由，途中から成り立たなくなる理由を，

> 説明せよ

というものだった．

201

算数なのに国語？

と戸惑った受験生も多いだろう.

　普段から考えを言語化できていたら良いのだが，そうでなく答えを導く算数しかやってきていないと，手に負えなかっただろう.
　実は，A校生は「言語化」が苦手だったりする.

"自明" なことを説明せよ

と言われるわけだから，言葉にならない.
　言語化が苦手なタイプは，証明などがあまり得意ではない.
　今後の数学では言語化が重視されることは明らかである.
「大学入学共通テスト」の数学では記述問題が出題されることになっている.「大学入学共通テスト」はこれまでのセンター試験の進化版で，教科の「知識・技能」に加え，「思考・判断・表現力」も問う試験である.　各大学の入試で問われていた要素の一部を肩代わりすることになる.　その分，各大学は生徒の「主体的に学習に取り組む態度」などを総合的に評価する入試方式に変化していくのである.

　そして，国立大学は「高度な記述」問題を出題すると宣言している.「主体的に学習に取り組む態度」を評価するべく AO 入試

補講2．これからの数学

の拡充も行われる．

　その流れにA校がいち早く対応しているのである．
　その他の中学も追従していくだろうし，中学受験塾での指導にも言語化・理由記述の要素が増すだろう．

　　　「中学入試を変えた画期的な問題だった．」

　10年後，そのように評価されているかも知れない．
　「入試が変わらないと教育は変わらない」とよく言われる．
　中学入試の最高峰としての自覚をもち，積極的に入試を変えるA校の姿勢はすばらしいものである．
　国公立の中高一貫校の入試は「適正検査」と呼ばれるが，その問題は，大学入試改革のイメージにフィットしている．
　A校の新形式問題もこのイメージである（ただし，難度はかなり高い．高2，高3のA校生に解かせても，多くが見事に間違えていた．彼らの名誉のために補足すると，問題は誘導をすべて消して出題したので，2重に引っかけがあり，手計算の要素も多い超難問になっていた）．
　私立一貫校の入試も，少しずつこちらに向いてくるかも知れない．
　やり過ぎると作成と採点が大変になるので，部分的な出題になるだろうが．

203

今後，大学入試の改革は進むだろうが，それに呼応して公立高校の入試も改革が進めば，「思考力・判断力・表現力」を育む教育が日本中に広がっていくことだろう．

　「知識・技能の定着」から「その場での対応力」へ．

　教育が変わっていく瞬間に立ち会えるのはとても楽しみだし，当事者として関わっていきたいとも思う．

　また，A校の入試，指導，生徒がどう変わっていくか，傍から見続けたい．

あとがき

　超進学校の代表とも言える A 校. A 校生はなぜ数学ができるのか?　人それぞれだから一括で語ることは難しいが, 中学入試突破に向けての小学校時代の勉強, 中高で自由に数学に触れ合う時間, 算数と数学の折り合いの付け方など, 雑多な内容になったが説明してきた.

　各小学校で屁理屈の達人だった神童たちが 1 カ所に集まり, 多様な先生や先輩・同級生に囲まれて, 関心事について自由に知見を深め, 塾でも刺激を受ける. 周りには, この分野では絶対に敵わない, と思えるような友人がいて, 好き放題に能力を高めている. 定期考査の前日には必死で詰め込んで, 小 6 時代のキャパシティーを維持する. そんなカオスな状況を生き抜くために数学のスキルが必須になるのだろう. そういう環境が A 校生の数学力を高めているのだというのが結論である.

　A 校生とのエピソードからは彼らが勉強ばかりやっているのではないことも伝えた. 出会ったそれぞれの生徒が個性的で, みんな, 将来が楽しみである.

　本書執筆中, A 校生に「A 校生の実態を世に広めるための本を書いているんだ」という話をした. すると生徒からは,

「A 校生は, 真面目に勉強していて, 優秀で品行方正」という誤った神格化がなされていて困る

> そういうバイアスを取り払うことができるのは
> 吉田先生だけですよ!

という有り難いのかどうかよく分からないコメントをもらった. 少しでも期待に応えることができているだろうか?

　ルールがなく自由な環境の中でも, うまくメリハリをつけて勉強し, 受験勉強だけに特化することなく, 知性を育むことができている彼らは, 確かに神格化されても良いのかも知れない. 生涯にわたり「A高卒」というレッテルを貼られていくわけだが, そのこともよく自覚している. 今後もそういう目で見られてしまう. もちろん, そんなことはお構いなしに各界をリードしていくのであろう.

　実際, 進学塾では, 大学受験合格のために通うものであるから, その後の彼らがどうなったかを知る機会は少ない. しかし, これまでの卒業生も各界で活躍していることは間違いないだろう.

　そんな中, 卒業後も定期的に訪問してくれる卒業生もいる.

　彼とは中1の3月からの付き合いだ.

　初対面のときには, 度肝を抜かれた. それまでA校生でも高校生ばかりを担当していた私にとって, A中に合格したばかりでエネルギーに溢れた中1は, 未知との遭遇であった. 授業中にサイコロを空中に投げていた. しばらくすると, 「あっ」という声. エアコンの通風口に入ってしまったらしい (おそらく, 今も残っているのだろう……).

　そんな出会いから6年, 色んなことがあったが, 第1志望に無

事,合格してくれた.

大学進学後は,クラブをしたり,バイトで塾の先生もしていたそうだ.

そんな彼も,社会に出た.中央省庁の官僚である.

あのサイコロを投げていた彼が……

感慨もひとしおだった.

彼からは定期的に同学年の生徒の動向も聞いていて,研修医をやっていたり,大学受験で失敗した第1志望に大学院で進学したり.それぞれ未来に向かって動いている.教室や食事室で戯れていたころが懐かしい.

日本の将来を背負って行くA校生を,塾という場ではあるが,指導させていただいている.これまでに担当させてもらった生徒の顔,現在担当させてもらっている生徒たちを思い浮かべると,その責任を改めて確認できた.

このような形で恩返しになっているかどうかは分からないが,A校のリアルを少しでも世の中の方々に知っていただけたのではないかと思う.

日本のトップから得てきた経験を還元できていたら,筆者としてこの上ない喜びである.現在や将来担当する生徒にも,しっかり還元して,志望を叶えてもらえるようベストを尽くす.

最後に,私と関わってくれたすべての生徒,その保護者の方々に感謝の意を捧げたい.

すうがく しょうたい
数学への招待シリーズ
ちょうゆうめいしんがくこうせい　すうがくてきはっそうりょく
超有名進学校生の数学的発想力
にほんさいこうほう　ずのう　せま
～日本最高峰の頭脳に迫る～

2018年5月15日　初版　第1刷発行

編　集　株式会社アップ
よした　のぶお
著　者　吉田 信夫
発行者　片岡 巌
発行所　株式会社技術評論社
　　　　東京都新宿区市谷左内町21-13
　　　　電話　03-3513-6150　販売促進部
　　　　　　　03-3267-2270　書籍編集部
印刷・製本　昭和情報プロセス株式会社

装　丁　中村 友和（ROVARIS）
本文デザイン，DTP　株式会社新後閑

本書の一部、または全部を著作権法の定める範囲を超え、無断で
複写、複製、転載、テープ化、ファイルに落とすことを禁じます。
©2018 株式会社アップ

造本には細心の注意を払っておりますが、万が一、乱丁（ページの
乱れ）や落丁（ページの抜け）がございましたら、小社販売促進部
までお送りください。送料小社負担にてお取り替えいたします。

定価はカバーに表示してあります。
ISBN978-4-7741-9707-4　C3041
Printed in Japan

本書に関する最新情報は，技術評論社
ホームページ（http://gihyo.jp/）を
ご覧ください。
本書へのご意見，ご感想は，以下の宛
先へ書面にてお受けしております．
電話でのお問い合わせにはお答えいた
しかねますので，あらかじめご了承く
ださい．
〒162-0846
東京都新宿区市谷左内町21-13
株式会社技術評論社 書籍編集部
『超有名進学校生の数学的発想力』係
FAX：03-3267-2271